基礎からわかる
下水・汚泥処理技術

Sewage & Sludge Treatment Technology

タクマ環境技術研究会 編

はじめに

国際社会は、2015年の国連サミットにて「持続可能な開発のための2030アジェンダ」という2030年度までの国際開発目標を採択した。この2030アジェンダでは、現在人類が直面しているさまざまな課題に取り組むべく、相互に密接に関連した17の目標（ゴール）と169のターゲットからなる「持続可能な開発目標（SDGs）」を掲げている。

日本は、この2030アジェンダに取り組むための国家戦略として、2016年に実施指針を決定している。SDGsの17のゴールに対し、再構成した八つの優先分野を設定し、その中には「5. 省・再生可能エネルギー、気候変動対策、循環型社会」「6. 生物多様性、森林、海洋等の環境の保全」が掲げられている。

これら二つの優先分野に共通するキーワードの一つが「水」である。地球を循環する水環境を良好な状態に保つこと、そのためには水環境に流入する水を汚染しないことが原則であり、下水の適正処理を行って、水の再利用や河川・海に放流される水質を向上させることが大切である。さらに、下水処理によって発生する汚泥を適正処理することに加えて、カーボンニュートラルな下水汚泥を再生可能エネルギー資源として有効活用することも重要である。

本書は、エネルギー・環境保全分野を中心に事業活動を展開している株式会社タクマの技術者グループ「タクマ環境技術研究会」が著者を務め、下水処理・排水処理とそれにより発生する汚泥の処理・活用について、原理から処理技術およびその関連設備を解説したものである。本書ではなるべく多くの図表を用いて、わかりやすい解説に心がけ、下水処理や下水汚泥の分野に直接関係していない方々や、これからこういった分野を学習する学生の方々にも理解しやすいようにという思いを持って記述した。本書を通して、下水処理・汚泥処理への関心が高まり、それらに対する技術・知識の向上がSDGsの達成に向けての一助となることを著者一同願っている。

なお、本書は2005年11月に初版発行した『絵とき 下水・汚泥処理の基礎』を現在の技術的進歩や下水処理・汚泥処理に関する規制改定等を踏まえて見直した上で、新たに発行するものである。姉妹書にあたる『基礎からわかるごみ焼却技術』『基礎からわかる大気汚染防止技術』『基礎からわかる水処理技術』も環境技術図書として併せてご愛読いただければ幸いである。

2020年5月　竹口 英樹

基礎からわかる 下水・汚泥処理技術

目 次

第 4 章

物理・化学的な水処理 ～自然の摂理を最大活用～ 47

第 5 章

生物学的な水処理 ～ミクロの決闘～ 65

第 6 章

有害物質の除害処理 ～環境汚染のセーフガード～ 81

※注　本書内の年表記は西暦を基本としていますが、一部につきましては読みやすさ・理解のしやすさ等を考慮し、西暦・和暦の併記（例：2015（平27）年）や和暦のみとしております。

第 1 章

水を取り巻く状況
～地域環境から地球環境へ～

1.1 水の惑星 －地球－

地球は約46億年前に誕生したと考えられている。宇宙に散らばる微惑星が衝突合体して原始惑星が生まれた。その後数億年かけて地表が冷え、大気中の水蒸気が雨となって地上に降り注ぎ、海洋を形成して水の惑星・地球が誕生した。そして、この水が現在まで絶えることなく存在したことにより、太陽系の中で唯一「生命」あふれる「青く美しい」惑星として輝いている。水の存在なくして現在の地球はあり得ない。「水」はまさしく「生命の源」である。我々地球に住む人類は、このことをしっかりと認識し、永遠に水を守っていかなければならない。

地球上に存在する水の総量は約14億km^{3}で、地球表面の約70％を覆っている。ただし、そのうち97.5％が海水であり、淡水は2.5％しかない。しかも淡水の大部分は、北極や南極などに氷として存在する。湖や川に存在して、我々が飲料水、工業用水、農業用水などとして容易に利用できる水は、地球に存在する全水量のわずか0.01％にすぎない（**図1.1**）。このわずかな水によって、世界の文明が発達してきたことを考えると、貴重な存在として大切に扱っていかなければならないことがよく理解できる。

地球の水は大きな循環系を形成している。水は、雨や雪として地球上に降り注ぐが、その量は全世界一様ではない。日本国内の年平均降水量は約1,700mmで、世界平均では約1,100mmである。全地球の陸地には、合計で年間約111兆t降り、海洋には約391兆t降り注ぎ、総量は502兆tとなる。蒸発する水の量は、陸上の地面や植物から65.5兆tで、残りは海に流れ込み、海洋から436.5兆tが蒸発し、合わせて502兆tとなる。このように収支バランスがとれた循環により、地球は良好な状態が保たれている。

本来、地球は自然の浄化機能によって清澄な水を常に確保し、良好な水循環が維持できるようになっている。ところが人類の誕生から文明が発達するにつれて、これに微妙な変化が生じ、特に20世紀以降は工業の発展に伴い、酸性雨、水環境の破壊や地球温暖化などといった、地球の浄化機能や循環系のバランスを損なう事態に至っている。

良好な地球の循環系を確保し、水の惑星の存在を永遠に可能にするには、21世紀における地球環境に立ちはだかるさまざまな問題を解決するために、我々は人類の叡智を結集しなければならない。

1

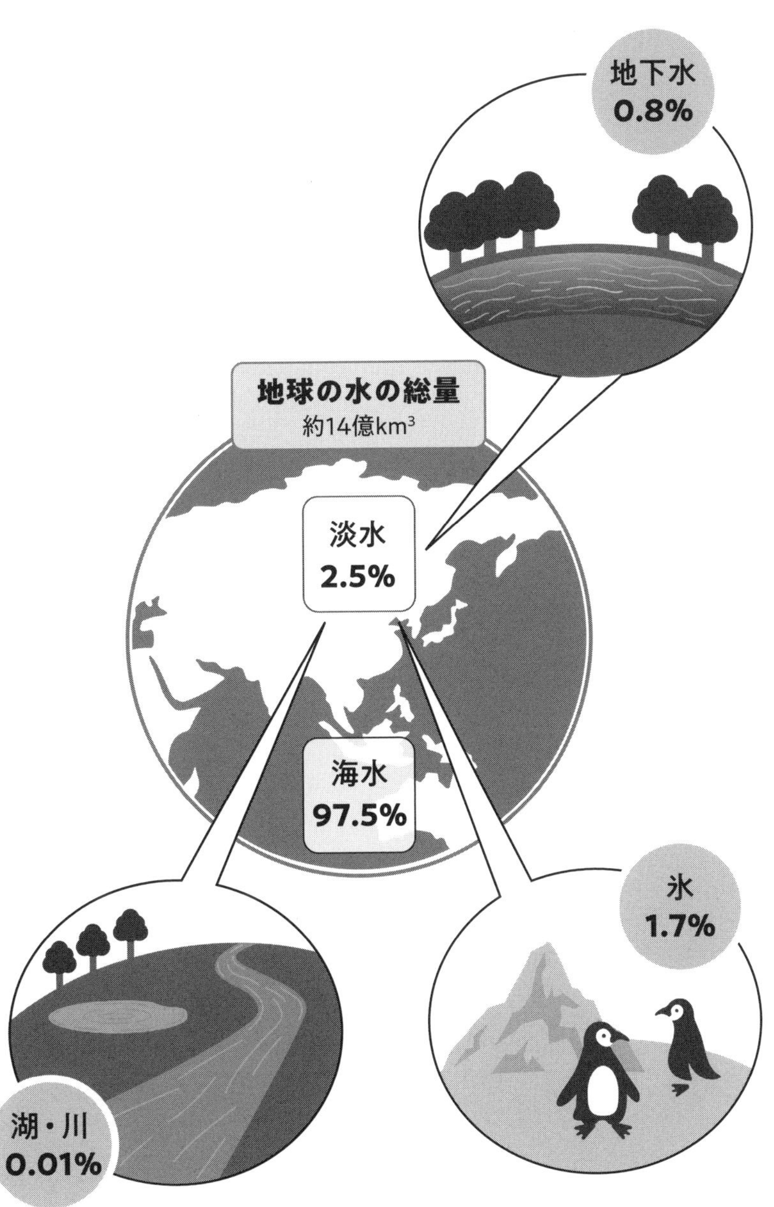

図1.1 地球における全水量の構成

1.2 社会発展と水環境の公害

日本は昔から山紫水明の国であり、美しい自然があった。それが一変したのは、戦後の復興が一段落し、産業の発達と都市への人口集中が起こった昭和30(1955)年代からだ。水質汚濁による公害が社会的事件として各地で発生し、社会の発展と共に水質汚濁が加速され、大きな社会問題として推移した(**表1.1**)。

水環境にかかわる公害の歴史は古く、明治期に起こった足尾銅山鉱毒事件に始まる。これは銅山から流出する重金属によって、渡良瀬川流域の住民や環境に多大の被害を及ぼしたもので、公害史上の原点ともいえる。しかし、大正・昭和初期を通じて公害問題は国策もあって表面化しなかった。戦後になり、1956(昭31)年に公害患者が正式に報告されたのが水俣病である。熊本県水俣湾に流れ込む新日本窒素肥料水俣工場の工場廃水に含まれる有機水銀によって、その湾の魚を常に食べていた住民が、神経系の病気に苦しめられる結果となった。その後、富山県神通川流域では、三井金属神岡鉱業所の工場廃水に含まれるカドミウムが原因のイタイイタイ病が発生した。さらに、新潟県阿賀野川流域でも昭和電工鹿瀬工場の廃水による第二水俣病が発生した。これ以外にも各地で水質汚濁による公害が発生して1950年代～1970年代にかけ、大きな社会問題となった。

昭和30(1955)年代～40(1965)年代の高度成長期にかけて産業が急速に発展し、さらに都市への人口集中が加速的に高まった。未曾有の好景気と生活水準の向上は、国民全体に永遠の発展を信じさせたが、その裏では、確実に環境破壊が進行していた。しかし、多くの人々はそのことに気がついていなかった。河川、湖沼などはヘドロが堆積、悪臭が発生して生物が棲めなくなり、海域では赤潮などで魚類が死滅するなど、水質汚濁による被害は全国の至るところに現われ、国民生活に多大な影響を及ぼすようになった。常に水と親しんでいた我々から、水辺の暮らしが奪われるなど様相が一変してしまった。

ことの重大さから、国は1967(昭42)年に公害対策基本法を制定、1970(昭45)年のいわゆる公害国会において、水質汚濁防止法、廃棄物の処理及び清掃に関する法律、海洋汚染防止法などの法律を次々に制定・発布して強力に対策を講じ始めた。下水道の普及を図ることを始め生活排水の整備を進め、産業廃水の処理と相まって1980年代には、ようやく河川などの水質浄化が実感できるようになった。1990年代にも水質基準の強化、高度処理の導入など絶えざる努力を重ねてきた結果、水辺の生活が取り戻せるようになってきた。

表1.1 水に関する公害年表

年	事項
明治期	栃木県の足尾銅山鉱毒事件
大正期	都市において工場排水や生活排水による水質汚濁、地下水の汲み上げによる地盤沈下が発生
昭和期	国策のもと公害問題は消された
1937(昭12)年	鉱業法に、鉱業権者に対する無過失損害賠償責任規定が加わる
1949(昭24)年	東京都公害防止条例制定
1953(昭28)年	最初の水俣病患者発生
1955(昭30)年	第17回臨床外科医学会で、富山県神通川流域において原因不明の奇病があることの報告
1956(昭31)年	5月新日本窒素肥料株式会社(現在のチッソ株式会社)水俣工場付属病院から水俣保健所に対して奇病発生の報告
1964(昭39)年	新潟県阿賀野川流域に水銀中毒患者が発見される
1967(昭42)年	・8月公害対策基本法が公布・施行 ・阿賀野川水銀中毒について損害賠償請求訴訟が提起
1968(昭43)年	・5月イタイイタイ病の原因として三井金属鉱業株式会社神岡鉱業所の排水が原因と厚生省見解 ・イタイイタイ病訴訟 ・9月水俣病は、新日本窒素水俣工場より排出されるメチル水銀化合物により汚染された魚介類の摂取によって生じたものという政府統一見解発表
1969(昭44)年	熊本水俣病訴訟
1970(昭45)年	・11月公害対策基本法の改正、水質汚濁防止法の制定 ・笹ヶ谷鉱山周辺におけるヒ素の環境汚染を島根県が確認
1972(昭47)年	・7月宮崎県・慢性ヒ素中毒症と思われる7人が報告される ・10月医療救済措置を受けた7人と住友金属鉱山株式会社との間で県知事の補償あっせん(第1次補償あっせん)成立
1973(昭48)年	・3月チッソ株式会社に対する損害賠償請求について原告勝訴の判定(第1次民事訴訟確定) ・8月島根県・慢性ヒ素中毒症と思われる患者が認められた旨の報告
1975(昭50)年	鳴門市の北灘町赤潮訴訟団(はまち養殖業者42名)が、国、兵庫県、高松市、岡山市ほか10企業を相手どって、工場排水中の窒素・リンの排出差止および損害賠償請求訴訟提起
1977(昭52)年	鹿児島湾奥部で養殖ハマチの赤潮による大量斃死事故が発生
1984(昭59)年	「湖沼水質保全特別措置法」成立
1986(昭61)年	・環境庁「トリクロロエチレン等の排出状況及び地下水等の汚染状況について」発表 ・苛性ソーダ工場の製法転換(水銀法→非水銀法)の完了

1.3 国内の水環境の現況

公害とは、ある特定物質による水質汚濁が、地域に特徴的な問題を引き起こすものである。通常の生活に伴う生活排水や産業活動で発生する産業廃水、農薬類、廃棄物からの排水、そのほか特定できない汚水など、大量で広範囲に排出される汚水を放置すると、環境への影響は計り知れないものになる。

河川　古代から人々は河川を中心に生活してきた。飲み水を確保し、排水は自然浄化され、農業、産業のために水を使うなど、欠くことのできないものである。通常、河川の汚れを表す指標には、BOD（Biochemical Oxygen Demand：生物化学的酸素要求量）を用いる。BODが5mg/Lを超えると飲料水としては不適切であり、魚などの棲む環境とはなりにくい。10mg/Lを超えると汚濁が急激に進み、もはや河川とはいえない状況となる。上水道の水源として重要な役目を果たしているため、この汚濁が即人々の生活に影響を及ぼす。良好な水質を保全することは、最優先される課題である（**図1.2**）。

湖沼　閉鎖水域である湖沼は、水の入れ替わりによる浄化能力が乏しく、いったん汚染されると回復が難しい。環境基準としての指標はCOD（Chemical Oxygen Demand：化学的酸素要求量）が使われるが、この値が5mg/L以上であると生態系に影響を及ぼす。湖沼は、上水道の水源として、また漁業や公園など人々の生活の場として役割が大きい。汚濁物質が、ヘドロとして湖底に堆積することによる水質悪化と、富栄養化に起因するアオコ等の異常発生による被害が多くの場所で見られるが、今後は生態系を守る環境づくりが重要となる。

海域　河川の汚濁は、その流れ込む海域の汚染につながる。特に、東京湾、伊勢湾、大阪湾、瀬戸内海などの閉鎖水域ではその影響は大きい。環境基準としての指標は、CODが使われるが、3mg/L以下が良好な状態を保つ目安である。昔は盛んであった近海漁業は、一時は瀬戸内海の一部を除いて、湾内ではかなり危機的状態であった。また、瀬戸内海などでは養殖漁業が盛んであるが、窒素、リンの富栄養化による赤潮が発生し、魚が死滅する被害が出た時期もあった。現在は、法整備が進んで総量規制などの水質浄化の対策がとられるようになり、これらの事象は改善の方向にあるが、環境基準の達成率は横ばいの状況が続いている（**図1.3**）。

地下水　従来あまり関心が示されなかった地下水汚染であるが、電気、機械、化学メーカの工場敷地や跡地における有機塩素化合物質などの有害物質を含む地下水が問題となっている。特に、飲料水として利用する地域ではその影響は極めて大きい。地下の水脈は複雑に入り組んでおり、発生源を特定することは非常に困難である。近年は、法整備と共に経済的で除去効率の高い技術の開発が進められている。

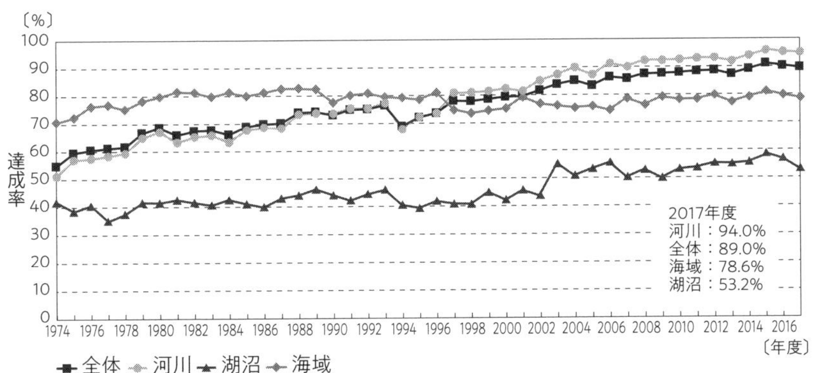

図1.2 公共用水域の環境基準（BODまたはCOD）達成率の推移［1］

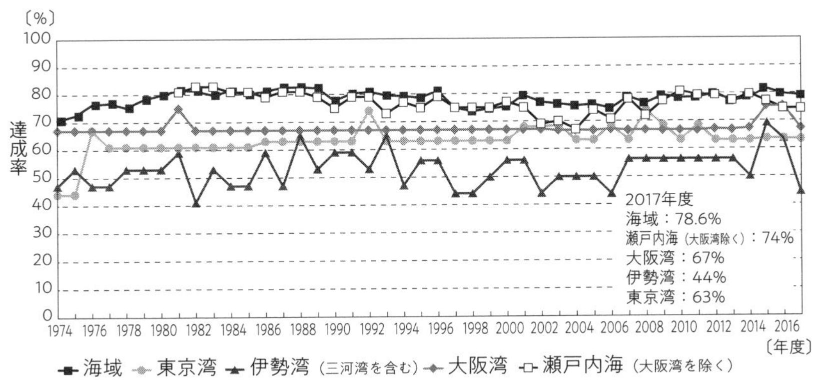

図1.3 広域的な閉鎖性海域の環境基準（COD）達成率の推移［1］

1.4 水環境を守るために

降雨は地中にしみ込み、山林を源として小川となる。小川は山間部から平野部に至り、また湖沼にも注ぎ、やがて大河となって、都市部を経て海へと流れ出る。これは誰もが知っている水の流れである。そこに人々が住み、日々の営みが行われることで、その姿を大きく変えていく。**図1.4**にその模式図を示す。

山間部で湧き出た水は、非常に清澄であり、まことに美味しい水である。通常はこのまま小川となるが、山間部に不法投棄された廃棄物から、また不備な最終処分場などからの汚水が混入することによって、水環境が汚染される場合もある。

山間部を巡り、やがて川となって村や町を通ると、水質汚濁の可能性が増してくる。その主な原因は生活排水である。し尿は、単独浄化槽またはくみ取って、し尿処理場（汚泥再生処理センター：第3章参照）などで処理されていたが、雑排水が、そのまま川へ放流される状況の間は、川の汚染が改善されなかった。この対策として下水道（住居が分散していたり地形などの制約から下水道の普及が進まない地域では、し尿と雑排水を一緒に処理する合併浄化槽（個別）、特定環境保全下水道（国土交通省）、地域し尿処理施設（環境省）、農業集落排水処理施設（農林水産省）など）を普及させ、地域の状況に合わせた処理がとられている。

川は、やがて中小都市を経て大都市へと流れていくが、上水はこれらの川から取水し、浄水場で処理して住民に供給される。また、工業用水としても利用され、これらの水はやがて排水として川に戻され、汚染源となる。人口の集中と工場群による汚濁負荷（量、質）の増大は、川の自然浄化能力をはるかに超えるものである。このような状況で水環境を守るには、工場排水は企業が自己責任において処理して下水道または公共用水域へ流すこと、生活排水は下水道等で処理され公共用水域に流されることが重要となる。都市の河川は、下水処理水の割合が高く、通常の処理では一定の水質以上にはならず、特に上水源として利用することを考えた場合、より一層の施設整備や高度処理の導入が検討されることも多い。

下流域になると大都市と工業地帯が広がり、汚濁負荷はより一層大きくなるが、工業地帯では工場排水の処理割合が高く、また生活排水についても公共下水道の普及率が大都市でほぼ100％に達したため、河川の水質はかなり改善されている。さらに、海域など、閉鎖水域の富栄養化問題を解決するための法規制によって、脱窒素、脱リンなどの高度処理施設の整備が進んでいる。

日本国内は1970年代からのたゆまぬ努力によって水環境はかなり改善され、随所で水辺の生活も取り戻してきた。しかし実態としては、特に都市部においては昔の清流の復活はいまだ遠しの感があり、前節の図1.2、図1.3で示したように公共用水域の水質は今ひとつ膠着状態にある。

汚濁物質は従来のBOD、COD、SS（Suspended Solid：浮遊物質）だけでなく、他の有害物質にも留意する必要がある。特に飲料水の取水源としての河川では、アンモニア性窒素、病原性大腸菌（O157など）やクリプトスポリジウム、ウイルス、そのほか微量有害物質等が新たな課題として浮かび上がっている。また、上述のように水は資源として何回も繰り返し使用することになる。このため、処理水中に分解されずに残留した抗生物質、あるいはマイクロプラスチック等、新たな課題も発生している。

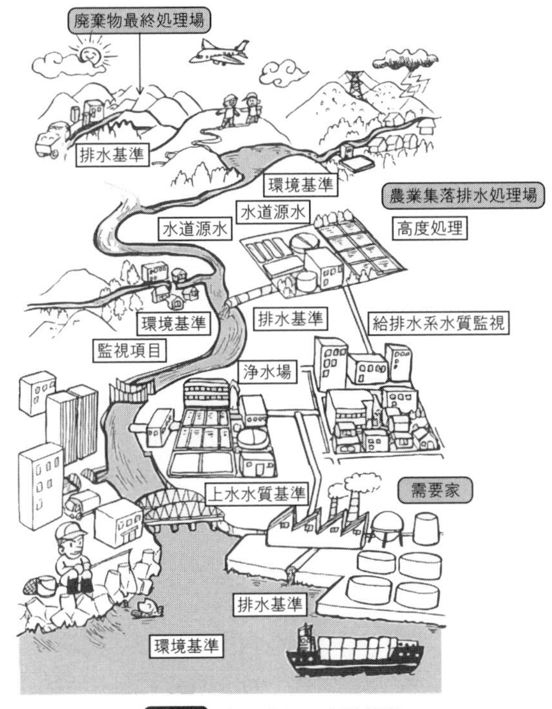

図1.4 水の流れと水質基準

1.5 水処理技術の発展

第1世代：1955年～1970年

この時期は、日本における水処理技術の発展の初期段階である。下水処理において、水処理系統では、標準活性汚泥法、ステップエアレーション法などの好気性生物処理が確立された。また、システムとしてもスクリーン・沈砂の前処理、最初沈殿池・エアレーションタンク・最終沈殿池の二次処理および塩素による消毒設備の組み合わせが標準的なものとして多く採用された。汚泥処理においては、嫌気性消化法が主流で、前段に重力濃縮槽、後段に洗浄槽を設け、汚泥脱水は真空脱水機が多く採用された。

第2世代：1971年～1985年

公害問題の発生により、水質汚濁に関する対策が強化された時期で、水処理技術が飛躍的に発展した。産業廃水における重金属を含めた除去技術では、より高度な凝集沈殿処理技術の開発、排水処理に適したろ過技術（加圧ろ過、逆粒度複層ろ過、上向流ろ過、サイホン式ろ過、移床式ろ過など）の発展、活性炭吸着、イオン交換樹脂、オゾン酸化などの物理化学処理の開発が挙げられる。

下水処理関係では、深槽曝気槽・沈殿槽、高効率曝気装置、回転円板装置、オキシデーション法など、汚泥処理関係では熱処理法、高分子凝集剤による直接脱水の遠心分離機・ベルトフィルタ、ストーカ式・流動床式などの焼却設備の充実化が図られた。し尿処理では、低希釈二段活性汚泥法による窒素除去技術の開発が大きな変換点となった。

第3世代：1986年～2000年

高度処理導入の時代である。下水分野では、下水道普及率が50％を超え、強化された水質基準の達成のため、また水環境の向上を図るため、BODやSSの低減、難分解性CODや微量有害物質の除去、無機栄養塩類の除去を目的として生物学的脱窒素・脱リン法の開発、オゾン処理、促進酸化法、膜処理、紫外線消毒などの物理化学処理の開発が精力的に進められた。

し尿処理では、時代の先端を行く膜分離・高負荷脱窒素処理法が開発された。高濃度有機性排水処理には、新たな嫌気性消化法が開発された。

第4世代：2001年～

水資源の確保、水環境の保全、循環型社会の構築のための技術開発が進められている。窒素、リン除去のさらに高度な処理法としてステップ流入式脱窒素法、担体式ステップ法、また膜分離活性汚泥法などがある。さらに地球環境の保全、循環型社会を目指した有機性廃棄物の資源化が大きなテーマである。資源・エネルギー基地としての下水処理場の役割は、今後ますます重要になり、下水処理水の再利用や汚泥のエネルギー化、燃料化、焼却発電等、技術の開発が進められている（**図1.5**）。

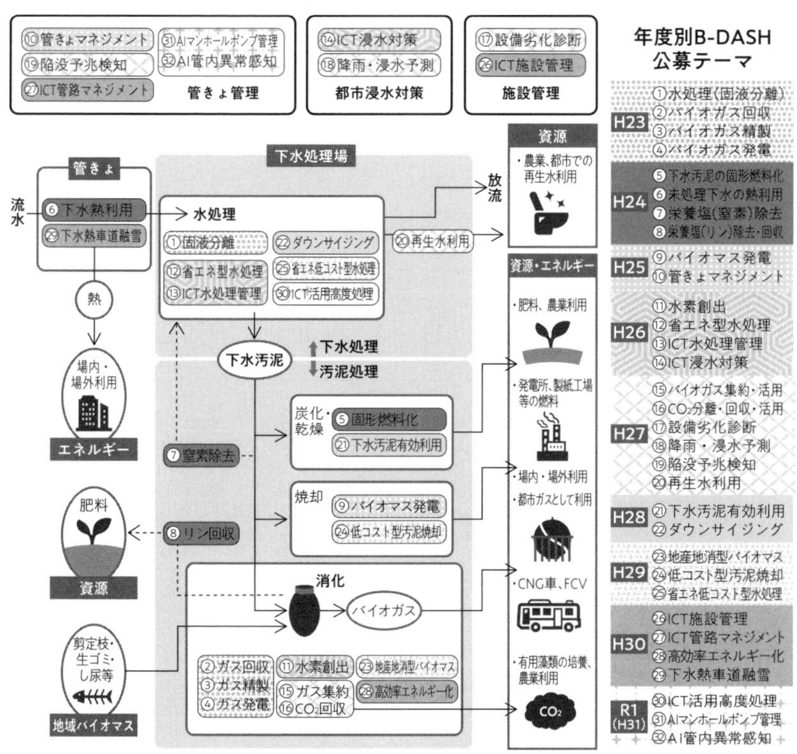

図1.5 国土交通省B-DASH（Breakthrough by Dynamic Approach in Sewage High Technology）プロジェクト※の全体像［2］

※エネルギー需給の逼迫等の社会情勢の変化に対応して、下水道事業における創エネルギー化、省エネルギー化、浸水対策、老朽化対策等を推進するためには、低コストで高効率な革新的技術の導入が必要である。しかし、地方公共団体では、このような新技術の導入に慎重となる傾向があるため、国が主体となって、実規模レベルの施設・設備を設置して技術的な検証を行い、ガイドラインを作成して、民間企業のノウハウや資金も活用しつつ、全国への普及展開を図る。また、新技術のノウハウ蓄積、一般化・標準化を進めて、国際的な基準づくりへの反映を図ると共に、実証プラントのトップセールス等への活用を図るなど、海外への普及展開を見据えた水ビジネスにおける国際競争力も強化する。

1.6 地球を取り巻く水環境

「21世紀は水の世紀」といわれる。これは、1995年に当時世界銀行の副総裁であったイスマル・セラゲルディン氏が「20世紀の戦争は石油をめぐる争いだった。21世紀の戦争は水をめぐる争いになるであろう」と発言したことが発端とされている。背景には、人類が利用できる水はその量が限定された貴重な資源であり、水不足が世界的な人口増加の影響もあって深刻な問題となり、水資源獲得のための争いが世界各地で頻発する、あるいは水資源確保のための国際的な協調が大きな課題になると予想されたことにある。実際、**図1.6**に示すように、世界各地で水資源に関する紛争が起こっている。

利用可能な水を確保するためには、取水源となる水域の水環境を良好な状態に保つと共に、水の効率的な利用を推進することが重要である。水環境を良好な状態に保つためには、水環境に流入する水を汚染しないことが原則であり、水処理技術が重要な役割を担う。また水の効率的な利用のためには、一度利用した水を処理して再利用することが有効な手段であり、経済的に有効な水処理技術が必須である。

一方で、水環境にかかわる課題は前節までに記載したような地域環境の問題から、地球規模の問題に広がりつつある。例えば、地球温暖化は世界各国の水資源に大きな影響を与える。利用可能な水の量は、降水量の変動により絶えず変化するため、大雨や干ばつなどの異常気象につながる地球温暖化による気候変動は、水の利用可能量に大きな影響を及ぼす。洪水や干ばつは世界各地で多発しており、2015年には国家レベルの洪水、干ばつがそれぞれ152件、32件発生し、影響受けた人は洪水が約3,000万人、干ばつが約5,000万人に上ると報告されている。それ以外にも、地球温暖化は**図1.7**に示すようにさまざまな影響を及ぼすことが懸念されている。

また今後の世界的な人口の増加も、水の利用可能量に大きな影響を与える。産業革命以降急激に増加した世界人口は、2000年には約60億人、2015年には約73億人に達し、2050年には100億人近くになるものと予想されている。これに伴い、水需要も2050年は2000年の約1.5倍になり、世界人口の約40％が深刻な水不足に見舞われる可能性があると考えられている。

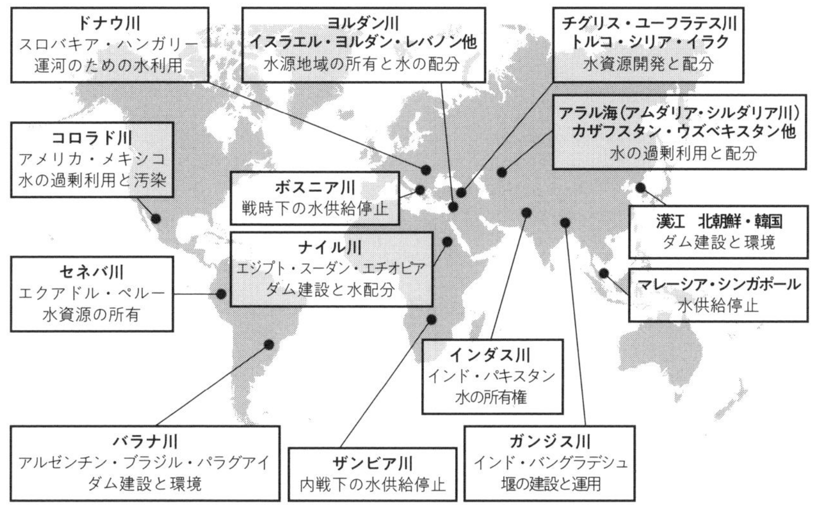

図1.6 世界各地の水紛争の例 [3]

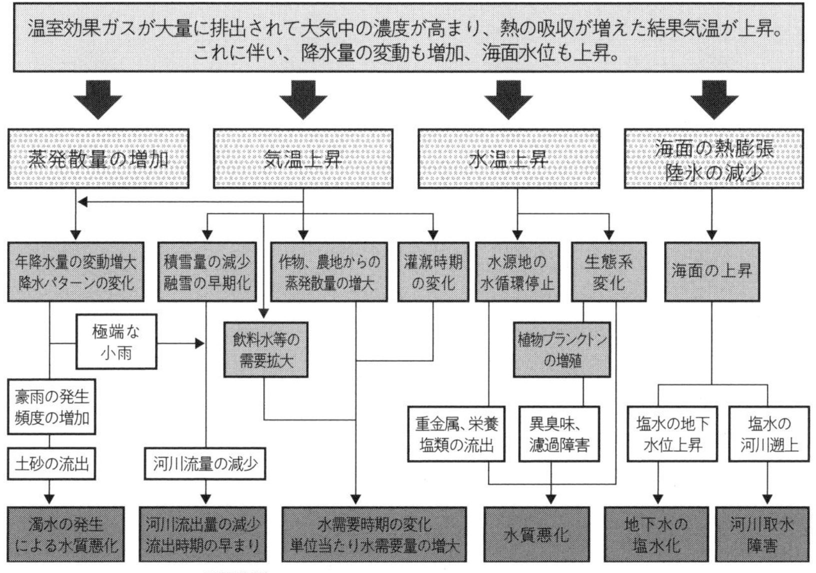

図1.7 地球温暖化が水資源に与える影響 [4]

1.7 持続可能な発展のために

地球規模での水の問題に対し、1977年にアルゼンチンのマルデルプラタで開催された「国連水会議」を皮切りに、さまざまな会議にて議論が重ねられてきた。2000年に開催された国連ミレニアムサミットでは「国連ミレニアム宣言」が採択され、2001年にはミレニアム開発目標（Millennium Development Goals：MDGs、**図1.8**参照）が定められた。MDGsでは、8項目の目標の下に21のターゲットと60の指標がまとめられた。例えば目標7「環境の持続可能性を確保」の下に設定されたターゲットの「2015年までに安全な飲料水および基本的な衛生施設を継続的に利用できない人々の割合を1990年より半減する」については、2015年時点では目標達成できたものの、依然として世界全体で約6.6億人が安全な飲料水を継続的に使用できない状態にある。また基本的な衛生施設を継続して利用できない人口の割合は、世界全体で1990年の46%から2015年の30%に改善しているが、約24億人がトイレ等の衛生施設を継続的に利用できない状態が続いている。

2015年には、「持続可能な開発のための2030アジェンダ」が国連サミットで正式に採択され、持続可能な開発目標（Sustainable Development Goals：SDGs、**図1.9**参照）が設定された。SDGsは17のゴールと169のターゲットからなり、MDGsで達成できなかった課題や新たに顕在化した課題を挙げており、全世界的に取り組みが進められている。SDGsの目標6には「安全な水とトイレを世界中に」として、水に関する単独の目標が設定された。

この「安全な水とトイレを世界中に」という目標を実現する方策の中核をなすのが、下水道の普及といえる。下水道は、人々にトイレを提供すると共に、それと併せて人間生活において排出される生活排水を処理し、放流先の水域を安全にする機能を有するものであり、安全な水の供給につながるものである。また一方で、下水処理において発生する汚泥は有機物を主体とするものであり、温暖化防止においてカーボンニュートラルなバイオマスとして活用できるものである。このように、下水道は今後世界的にも水環境、ひいては地球環境に対する貢献が大きいインフラであるといえる。

図1.8 MDGsの目標 [5]

図1.9 SDGsの目標 [6]

Column

好気性と嫌気性

一般に生物は、酸素を呼吸により体内に取り込み、化学反応を起こしてエネルギーを獲得して活動している。また一方で、酸素を必要としない生物も存在する。前者を好気性生物、後者を嫌気性生物という。

ほとんどすべての動植物、真菌類、および細菌の一部は好気性である。これに対して嫌気性生物の多くは細菌で、地中や海中など酸素のない場所に生息している。嫌気性生物で代表的なものとして、人の腸に生息するビフィズス菌や、廃水処理でアンモニア除去に利用される脱窒菌、バイオガスを生成するメタン発酵菌等がある。

曝気

空気を水に送り込むことで、液体中に空気を供給・溶解させること。水に対し、酸素を供給する意味合いを持つ。

廃水処理において、水中の好気性の生物が酸素を用いて活動・水中の汚濁物質を除去するには、曝気により酸素を水中に供給し、生物が活動できる環境を整えることが重要である。

第 2 章

下水処理の概要
～第 4 のライフライン～

2.1 下水道の状況

日本では古来より、し尿を貴重な肥料として有効利用してきたため、し尿が河川等の汚染源となることは比較的少なく、現在のように下水道の必要性が強く認識されることはなかった。しかし明治時代に入ると、都市化の進展に伴う人口の集中と化学肥料の普及で、し尿の処分に苦労する地域が続出し、社会問題となり始めた。1900（明33）年には**下水道法**が制定され、大正、昭和期に入り下水道普及の気運は一気に高まったが、その後、戦争の影響により下水道整備は停滞することになる。

1950年代からはじまった高度経済成長は、水質汚濁や市街地の浸水など、深刻な環境問題をもたらした。そこで1958年に下水道法の大幅な改正が行われたのを皮切りに、水質保全法、工場排水法等が制定され、多くの水域の水質基準が定められた。その後、主として都市環境の改善に向けての下水道整備が行われ、法体系の整備や事業の急速な発展が図られた結果、下水道の普及率は2019年3月31日現在79.3％（福島県の一部を除く）を達成するに至った（**図2.1**）。

下水道の役割は、汚水および雨水を排除または処理・処分して快適な環境を維持することで、主要なものは次の4点である。

汚水の排除　汚水が住宅周辺に滞留すると、悪臭や蚊・蠅などが発生し、伝染病発生の可能性も増大する。下水道整備を行い、汚水を速やかに排除することで、これら弊害の解消、周辺環境の向上につなげる。

浸水被害の防止　日本の年間平均降水量は、世界の平均降水量の約1.5倍であり、季節ごとの変動が激しく、梅雨期と台風期は常に浸水の危険にさらされている。雨水を速やかに排除し、浸水の防止を図ることは、下水道整備の重要な目的の一つである。

水質保全　近年の水質汚濁の状況は、全般的には改善の傾向が見られるものの、閉鎖性水域では環境基準への適合が遅れている水域も多い。このような状況を改善するために、排水規制の強化とともに、下水道整備が重要となる。

下水道施設および資源としての有効利用　下水処理水を修景用水やトイレ用水として有効利用したり、処理施設の上部をスポーツ施設、公園や太陽光発電施設として利用している。下水道管の中に光ファイバーケーブルを通して通信等に利用する等、さまざまな有効利用が図られている。

さらに、下水道の有する水、汚泥、熱などの資源・エネルギーを再利用することは、地球温暖化防止、省エネ・資源循環社会に大きな役割を果たすことから、これらの推進が積極的に進められている。

図2.1 都道府県別の下水道処理人口普及率[1]

※2018(平30)年度末の下水道普及率は、東日本大震災の影響で、福島県の1県に調査ができない市町村があったため、一部は調査の対象外となっている。

用語解説

下水道法▸下水道の整備を図り、都市の健全な発達と公共用水域の保全を目的として制定された法律。1900年に制定され、1958年に全面改正された。

2.2 下水道の体系

下水道施設は、下水管、**ポンプ場**、処理場から構成されている。生活排水や工場排水は**汚水ます**に流れ込み、下水管・ポンプ場を経て処理場へ流入し、処理された後、公共用水域に放流される。下水の排除方式は、同一の管渠（かんきょ）で排除する合流式と、汚水と雨水を別々の管渠で排除する分流式とがある。

一般に、合流式は分流式と比べて下水道管渠の建設費が割安で施工もしやすいため、下水道整備の早かった大都市での採用が多い。しかし合流式は、大雨で流入水量が一定量を超えると希釈された未処理の下水が公共用水域に直接放流され、水質汚濁の原因となることから、現在ではほとんどの場合で分流式が採用されている。

下水道は、下水道法により、公共下水道、流域下水道、都市下水路の3種類に分けられる（**図2.2**）。

公共下水道 主として市街地における下水を排除または処理するために地方公共団体が管理する下水道で、**終末処理場**を有するもの、または流域下水道に接続するものであり、かつ汚水を排除すべき排水施設の相当部分が暗渠（あんきょ）である構造のものをいう。公共下水道はさらに、終末処理場を有する単独公共下水道、流域下水道に流入させる流域関連公共下水道、市街化区域外に設置させる特定環境保全公共下水道、特定の事業者の活動に利用され、その事業者が費用の一部を負担する特定公共下水道に分けられる。

流域下水道 原則として都道府県が行う事業であり、特に水質保全が必要である重要な水域を対象として、二つ以上の市町村にわたり、下水道を一体的に整備することが効率的かつ経済的である場合に実施される根幹的なもので、かつ終末処理場を有するものをいう。

都市下水路 主として、市街地における下水を排除するため設けられるもので、特に雨水の排除による浸水被害を防止する機能を備えている。

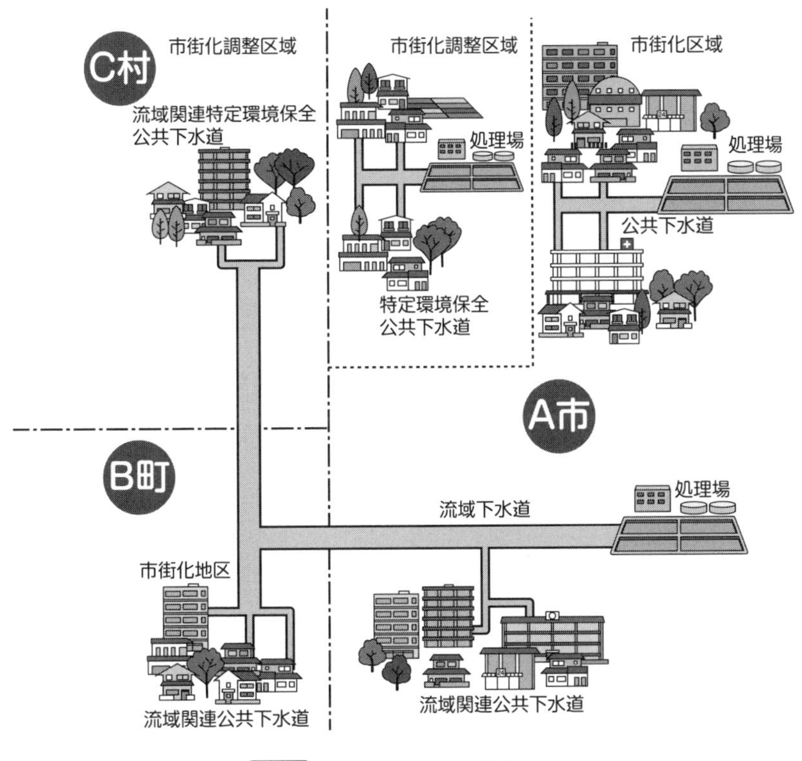

図2.2 下水道および類似施設[2]

用語解説

ポンプ場▸主に汚水を自然流下で下水処理場へ導くことが困難な場合、ポンプで送水を行うための施設である。

汚水ます▸家庭や事業所から出る汚水を1ヵ所に集めるため敷地境界付近に設置される。汚水は汚水ますから取付管を通じて公共下水道へ排出される。

終末処理場▸下水を最終的に処理して、公共の水域または海域に放流するために設置される処理施設およびこれを補完する施設をいう。

2.3 下水道の施策

下水道の法制度

下水道事業は都市計画の一環として認識されているため、その運営にあたっては下水道法だけでなく都市計画法にも十分留意して実施されなければならない。1900年に初めて制定された下水道法は、汚水を生活空間から排除すること、すなわち土地の清潔を保つことが主な目的であった。

しかし時代と共に下水道の役割も変化し、現在では水環境保全の一端も担うことから、環境基本法をはじめ公害防止に関する**水質汚濁防止法**、**廃棄物の処理及び清掃に関する法律**、海洋汚染及び海上災害の防止に関する法律、大気汚染防止法、騒音規制法、振動規制法、悪臭防止法等のいずれの法律についても基準を満たすことが必要とされる。さらには、地球規模で進行している温暖化に対し、下水道事業においても温室効果ガスの排出抑制と低炭素社会の構築のための指針が策定され、取り組みが進められている。

下水道の財政計画

下水道事業の運営に必要な費用は、建設改良費と管理運営費とに分けられる。

下水道は非常に公共性の高いインフラであり、建設に際しては多額の費用が必要なことや、下水道の緊急な整備が国家的に必要とされることから、地方債や一般市町村費等の地方費に加えて国費で賄われている。国費による補助制度は近年変化しており、従前の事業ごとの個別補助金制度から、社会資本整備総合交付金として（**表2.1**）一括して自治体に交付される形となっている。

下水道施設が完成して運転を開始すると、施設の管理運営の段階となる。管理運営に必要な費用には、地方債の償還費である資本費と維持管理費とがあり、それらは一般会計繰入金（公費）と下水道使用料（私費）が主な財源となっている。

例えば、2017年度の下水道事業の建設改良費は1兆5,033億円、管理運営費のうち資本費は1兆6,798億円、維持管理費は9,556億円となっており、近年は建設改良費は横ばい傾向、維持管理費は漸増傾向にある。

表2.1 国と地方の負担割合 [3]

区分			国費率	地方負担	左のうち地方債
公共下水道	管渠等	補助	1/2	1/2	10/10 ※1
		単独	−	10/10	10/10 ※1
	終末処理施設	補助	5.5/10	4.5/10	10/10 ※1
		単独	−	10/10	10/10 ※1
流域下水道	管渠等	補助	1/2	1/2	10/10 ※2
		単独	−	10/10	10/10 ※2
	終末処理施設	補助	2/3	1/3	10/10 ※2
		単独	−	10/10	10/10 ※2
特定環境保全公共下水道	管渠等	補助	1/2	1/2	10/10 ※3
		単独	−	10/10	10/10 ※3
	終末処理施設	補助	5.5/10	4.5/10	10/10 ※3
		単独	−	10/10	10/10 ※3

※1　ただし、受益者負担金については控除財源となっている。
※2　ただし、市町村建設費負担金については控除財源となっている。
※3　ただし、分担金については控除財源となっている。

用語解説

水質汚濁防止法▸公共用水域の水質汚濁を防止することを目的とした法律であり、排出水の水質規制を行っている。

廃棄物の処理及び清掃に関する法律▸一般廃棄物および産業廃棄物の処理処分法その他必要な事項を定め、生活環境の保全を図ることを目的とする法律。

2.4 下水の処理

下水の処理方法は、求められる処理レベル、除去対象物質の種類等に応じ分類される。物理化学的作用や生物的作用を利用した処理法を組み合わせた、前処理、一次処理、二次処理および高度処理と呼ばれる処理法で構成される（**表2.2**）。

前処理 処理施設の維持、運転上の問題を引き起こす恐れのある成分を除去する。機器の摩耗やポンプなどの閉塞の原因になりやすい木片やぼろぎれなどの粗い浮上固形物を除去するスクリーニング処理、砂などを除去する除砂処理、粗大な浮遊物をせん断する破砕処理がこれにあたる。ここで除去された**し渣**、砂等は洗浄・脱水等の処理を行って処分される。また、必要に応じて破砕機等の処理設備を設置する場合もある。

一次処理 前処理で除去できなかった微細な固形物を物理的に沈殿、浮上させて分離除去を行う。有機性の固形物を除去することで一部有機物（BOD）の除去も行えるため、二次処理への負荷を低減させる効果もある。下水処理においては、重力式の沈殿処理を行う最初沈殿池設備がこれにあたる。ここでは、一定以上の水面積負荷と沈殿時間を設定することで固形物質を沈殿分離し、掻き寄せ機によって沈殿物を集め、汚泥として引き抜き処理を行う。

二次処理 一次処理を行った後、主に生物分解可能なコロイド状の有機物や溶解性の有機物の除去を行う。この処理は、主に微生物の働きを利用した**標準活性汚泥法**や**オキシデーションディッチ法**により行われる。活性汚泥は、細菌類、原生動物等の微生物のほかに、非生物性の無機物や有機物によって構成される。この活性汚泥と汚水の混合液に酸素を供給し処理することで、有機物が吸着、酸化分解、同化作用により除去される（**図2.3**）。さらに後段の重力式の最終沈殿池設備で固液分離を行った後、塩素剤や紫外線により消毒処理後、放流される。

高度処理 高度処理の除去対象物質は、浮遊物質、有機物、栄養塩類他があり、除去対象物質に対して種々の処理方式がある。

表2.2 下水処理施設の構成

	前処理・一次処理 →	二次処理・高度処理			→ 消毒処理
施設の機能	浮遊物除去	・有機物の酸化分解 ・微生物の細胞合成	活性汚泥、はく離生物膜等の除去	浮遊物除去	病原菌の殺菌
該当する処理施設	・スクリーン ・沈砂池 ・最初沈砂池	・反応タンク（活性汚泥法） ・散水ろ床 ・オキシデーションディッチ	最終沈砂池	・ろ材ろ過 ・フィルタろ過	・塩素接触タンク ・紫外線殺菌タンク

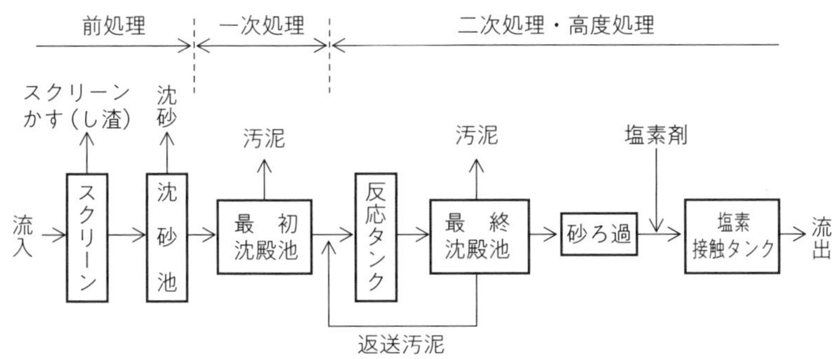

図2.3 活性汚泥法による下水処理工程の例

用語解説

し渣▸汚水に混入している固体のゴミで、紙、髪、繊維類、食品残渣などの比較的大きいものを指す。

標準活性汚泥法▸活性汚泥と呼ぶ微生物集団を利用して汚水を処理する方法。下水と活性汚泥混合液を曝気することで、下水中の有機物が吸着、酸化、同化され、最終沈殿池で固液分離される。

オキシデーションディッチ法▸無終端水路（ディッチ）内で、下水をローターにより循環させながら機械式の曝気を行い、基本的には活性汚泥の力で処理を行う。比較的小規模な下水処理場で用いられる。

2.5 下水前処理と一次処理

下水道終末処理場の機能を十分に発揮させ、施設全体の維持管理性を向上させるために、生物処理設備の前段に沈砂池を代表とする前処理設備や最初沈殿池設備が設置されている。これらの物理的な処理設備は地味ではあるが、下水の処理プロセスの中で重要な役割を果たしている。

沈砂池

沈砂池は、流入下水中の無機物や粗い固形物を除去するために、一般的に主ポンプの前に設けられ、流入ゲート、スクリーン、除砂装置などから構成される。除去対象砂類の粒径は、汚水用で0.2㎜以上、雨水用で0.4㎜以上とされている。

スクリーンには粗目と細目がある。目幅はそれぞれ50～150㎜、15～50㎜程度で、処理場によっては、どちらかを省略することもある。スクリーンかすは、機械式または手かき式でかき揚げられ除去される。機械式バースクリーンには、連続式（**図2.4**）と間欠式があり、そのほかにベルト走行式や小規模処理場に適した回転式、脱水機付スクリーンなどがある。いずれも浸水などの過酷な条件下での稼働となるため、十分な強度と耐食性に考慮を要する。

除砂装置には、池の底部をバケットコンベアが走行し沈砂をかき寄せるバケットコンベア方式（**図2.5**）や、池の底部に設置した集砂ノズルやスクリューコンベアでかき寄せた後、揚砂ポンプなどで揚げる揚砂ポンプ方式がある。

これらの除去されたスクリーンかすや砂類は、洗浄・脱水または洗浄されホッパなどにいったん貯留された後、搬出処分される。また、本設備には、ポンプ場、処理場の周辺環境や作業環境の保全のために、活性炭吸着法や生物脱臭法などによる十分な脱臭対策が必要となる。

最初沈殿池

最初沈殿池は、下水中の浮遊物質を水との比重の差を利用して分離除去する施設で、後段の生物処理設備への有機物負荷の削減や機能保全の役割を担う。池の形状は処理規模や配置条件から円形・長方形や多階層などがあり、底部でかき寄せられた沈殿汚泥は、ポンプ類で引き抜かれ、汚泥処理設備へ送泥される。かき寄せ方式には、チェーンフライト式（**図2.6**）や回転式、往復動式などがある。

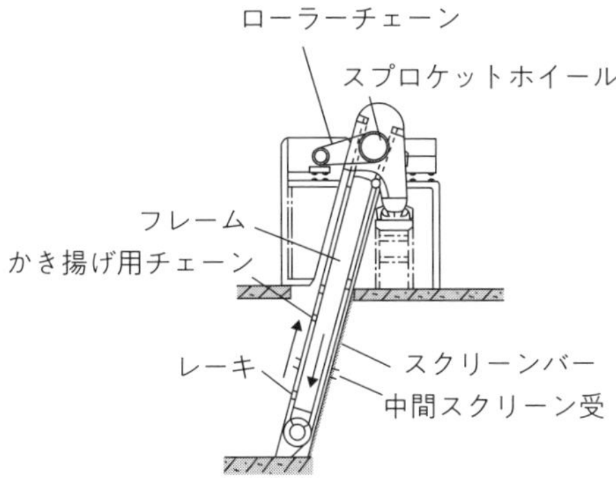

図2.4 連続式スクリーンの例[4]

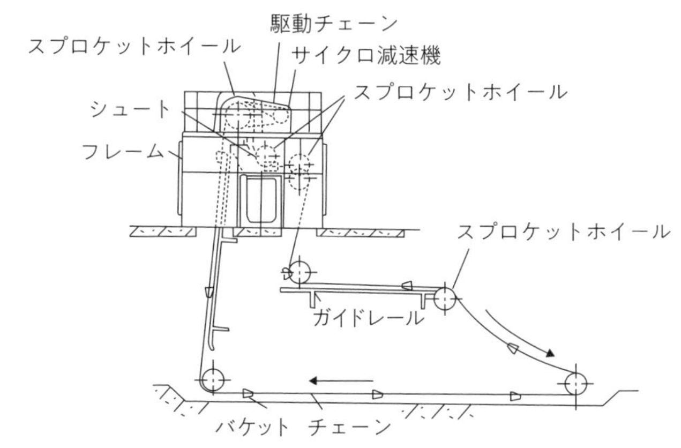

図2.5 バケットコンベア方式の例[5]

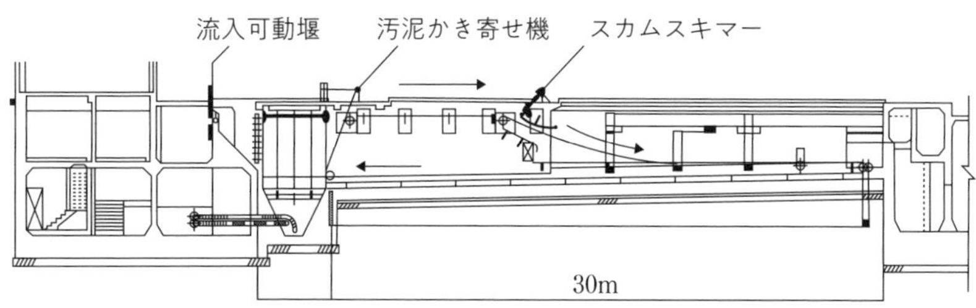

図2.6 チェーンフライト式汚泥かき寄せ機の例[6]

2.6 下水二次処理と高度処理

一次処理で下水中の固形物を除去した後、二次処理として有機物（BOD）を除去するため微生物を用いて生物学的処理を行う。下水処理場で現在最も多く採用されている二次処理法は標準活性汚泥法である（詳細は第5章を参照）。

さらによい水質とする必要がある場合には、浮遊物質（SS）、有機物（BOD）、窒素、リンなどを除去するために高度処理を行う（**表2.3**）。高度処理は主に、水質環境基準の達成、湖沼などの**富栄養化**の防止や、下水処理水の再利用の目的で行われる。

SS、BOD除去

都市域の河川水に占める下水処理水の割合が非常に大きくなり、二次処理のみでは水質環境基準の達成が困難となる場合や、処理水を再利用する場合、SS、BODを対象とした高度処理が必要となる。

SSを除去するための最も一般的な方法は、砂やアンスラサイトのろ材で、二次処理水をろ過処理する急速ろ過法であり、近年は移床式の砂ろ過器が全国に普及しつつある（**図2.7**）。

BODについては、SSの除去と同時に、SS性BOD成分の除去が期待できる。

窒素、リン除去

閉鎖性水域の湖沼や内湾の富栄養化現象による水質汚濁は、窒素、リンなどの栄養塩類の蓄積によって発生すると考えられている。

窒素の除去法については、生物学的なものが中心となり、各種硝化脱窒法が実用化されている。

一方、リンについては、嫌気・好気活性汚泥法や、窒素との同時除去を目的とした生物学的方法と、凝集剤を添加してリンを不溶化させ沈殿除去する凝集沈殿法、およびカルシウムやマグネシウムの添加により難溶性のリン酸塩を生成させて除去する晶析脱リン法などの物理化学的方法がある。この分野においては、リン資源の回収も考慮に入れた高度処理技術の開発が進められている。

表2.3 高度処理の目的と除去対象物質および除去プロセス [7]

<table>
<tr><th>目的</th><th colspan="2">除去対象項目</th><th>関連水質項目</th><th>除去プロセス</th></tr>
<tr><td rowspan="2">環境基準維持達成</td><td rowspan="2">有機物</td><td>浮遊物</td><td>SS、VSS</td><td>急速ろ過、マイクロストレーナー、凝集沈殿、硅藻土ろ過、長毛ろ過、限外ろ過、スクリーン、精密ろ過</td></tr>
<tr><td>溶解性</td><td>BOD_5、COD_{Mn}、COD_{Cr}、TOC、TOD、UV吸光度</td><td>活性炭吸着、凝集沈殿、オゾン酸化、接触酸化※、逆浸透</td></tr>
<tr><td rowspan="3">富栄養化の防止</td><td rowspan="3">栄養塩類</td><td rowspan="2">窒素</td><td rowspan="2">T-N、K-N、NH_4-N、NO_2-N、NO_3-N</td><td>アンモニアストリッピング、選択的イオン交換、不連続点塩素処理、生物学的硝化脱窒法※、アナモックス※</td></tr>
<tr><td rowspan="2">生物学的脱窒脱リン法※
凝集剤添加硝化脱窒法※</td></tr>
<tr><td rowspan="2">リン</td><td rowspan="2">PO_4-P、T-P</td></tr>
<tr><td></td><td></td><td>嫌気・好気活性汚泥法※、凝集沈殿、凝集剤添加活性汚泥法※、生物学的リン除去※、晶析脱リン、吸着・イオン交換</td></tr>
<tr><td rowspan="2">再利用</td><td rowspan="2">微量成分</td><td>溶解塩類</td><td>TDS、電導度、Na、Ca、Cl、Cdイオンなど</td><td>逆浸透、電気透析、イオン交換</td></tr>
<tr><td>微生物</td><td>細菌、ウィルス</td><td>滅菌・消毒（塩素ガス、NaOCl、オゾン、紫外線）、膜処理</td></tr>
</table>

（注）※印は生物学的処理プロセス

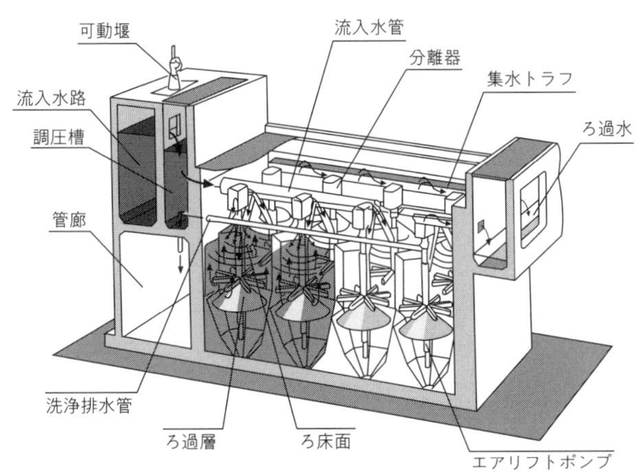

図2.7 大規模施設用砂ろ過装置の構造図（マルチモジュールタイプ）

用語解説

富栄養化▸内湾、湖沼等の閉鎖性水域に、窒素やリン等の栄養塩類が流入し、その水域の栄養塩類が豊富になり、生物生産が盛んになる現象（赤潮やアオコ）をいう。

2.7 下水汚泥処理

下水処理プロセスから発生する汚泥は、最初沈殿池から引き抜かれる初沈汚泥と最終沈殿池から引き抜かれる余剰汚泥からなり、減量化および安定化・無害化処理の後、最終的に埋立による処分や、緑農地利用・建設資材化への再利用が行われている(**図2.8**)。

下水汚泥の種類と性状

下水汚泥は腐敗性が高く、臭気を発生するので、無処理で投棄すれば衛生上問題となり、河川などに放流すれば水環境汚染を引き起こす。化学的性状は、排除方式や流入水質、処理方法に多分の影響を受け、一般に最初沈殿池由来の汚泥はデンプン・セルロース等の炭水化物成分が主体であるのに対し、最終沈殿池由来の汚泥は蛋白成分を多く含む。

下水汚泥の処理、処分

下水汚泥は含水率98～99%で、重力濃縮や**機械濃縮**(ベルト、ドラム濃縮、遠心濃縮)などの方法を用いて含水率96～97%に減量化された後、遠心脱水機、スクリュープレスや回転加圧脱水機などにより含水率70～80%に脱水される。続いて焼却処理等を行うことにより、さらに減量化が図られる。

下水中の有機物は、水処理の過程で活性汚泥に摂取され、一部分は酸化されるが、大部分は沈殿池より汚泥として引き抜かれる。**嫌気性消化**は、こうした汚泥中の有機物を低分子化およびガス化して減容化させると共に、細菌類を死滅させ、汚泥の安定化を図るために濃縮工程の後段に設けられる場合がある。

下水汚泥の有効利用

近年の温暖化防止やリサイクル意識の向上から、さまざまな利用が行われている。例えば、下水汚泥をコンポスト化して緑農地利用を行ったり、焼却灰・溶融スラグはセメント原料やレンガ・路盤材などの建築資材への利用が図られている。また、嫌気性消化の過程で発生する消化ガスは、消化ガス発電システムなどに積極的に利用されている。

2015年の下水道法改正では、汚泥の燃料または肥料としての再生利用に努めることが明記され、2016年には2020年までにエネルギー・農業利用率を40%とする目標が掲げられた。2017年時点では32%にとどまっており、さらなる取り組みが求められている。

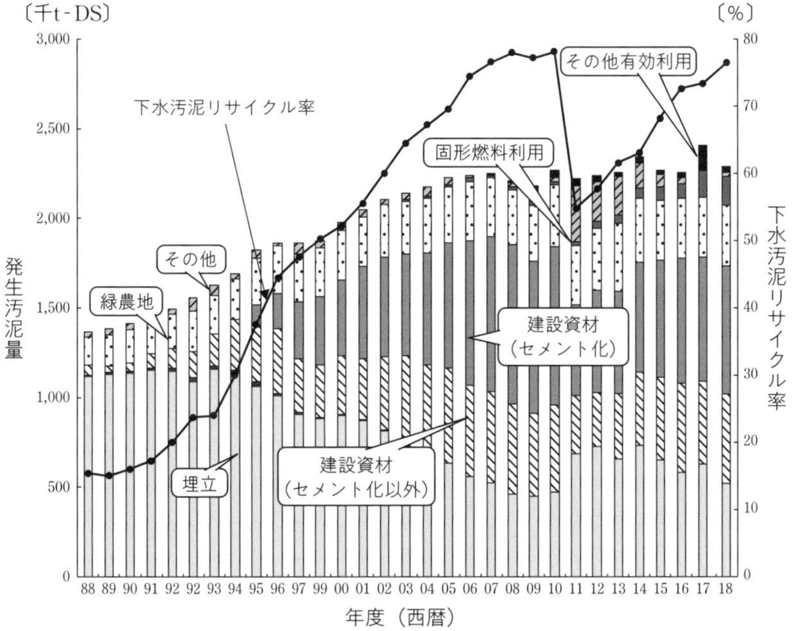

※汚泥処理の途中段階である消化ガス利用は含まれない。
※2011年度のその他は、97.6%が場内ストックである。

図2.8 下水汚泥の発生量とリサイクル率の推移[8]

用語解説

機械濃縮 ▸ 加圧浮上や遠心分離機などの物理的作用により、汚泥中の固形物を濃縮する方法をいう。

嫌気性消化 ▸ 嫌気性微生物により、有機物質を分解・ガス化する処理方法。発生ガス（消化ガスあるいはバイオガスと呼ばれる）中にはメタンが含有（約60～65%）されるため、ガスエンジンを駆動し、発電を行う消化ガス発電システムの導入が図られている。

2.8 今後の下水道

生活水準の向上と共に、水への関心がいっそう深まり、下水道は電気、ガス、水道などと同じく暮らしに欠かせないライフラインとして、重要な役割を担ってきた。さらに下水道は、バイオマスとしての下水汚泥や下水熱そのもののエネルギー、肥料等の資源や再生水の供給施設として期待されている。また、近年の設備の老朽化、豪雨や地震による機能停止、地球温暖化問題、国際化などを背景として、**図2.9**に示すビジョンのもと各種技術が開発、導入され、以下のような取り組みが進められている。

水・資源・エネルギーの集約・自立・供給拠点化

下水処理場で発生する汚泥はバイオマスとされ、カーボンニュートラルな資源として注目されている。また、下水処理場からは再生水、栄養塩類、下水熱も取り出して周辺地域に供給することが可能である。

今後は下水処理における有機物、栄養塩類を除去対象物質でなく資源として捉え、他のバイオマスも集約し、水・資源・エネルギーの集約・自立・供給の拠点とする。

アセットマネジメントの確立

下水道事業は下水管、ポンプ場、処理場と多くの資産を有しているが、これらは老朽化が進んでいる。これら施設の再構築・修繕等を含めた下水道事業費の平準化、過剰・過小なメンテナンスを回避する管理の最適化、熟練技術者の経験・ノウハウの一部の代替などにより、持続性のある事業を展開していく方策を確立する。また、民間事業者の資本や経営手法の導入も有効な対応策の一つであり、下水処理施設については、2018年4月時点において包括的民間委託を行っている施設数が全体の2割程度にのぼっている。より一層の事業効率化を図るため、公共が所有権を有する施設の運営権を民間事業者が取得するコンセッション方式についても導入検討が進められている。

非常時のクライシスマネジメントの確立

東日本大震災時にもあったように、大規模災害（地震、津波、異常豪雨など）の発生時はインフラも甚大な被害を受け、市民生活や社会経済活動等へ多大な影響を与えることがある。このような被害を最小限に抑制し、下水道事業を可能な限り継続する手法を確立する。

世界の水と衛生、環境問題解決への貢献

日本の技術と経験を生かし、諸外国における持続可能な下水道事業の実現に寄与し、世界の水と衛生、環境問題の解決に貢献する。水分野は国際規格化を進めるべき重点分野の一つに挙げられており、日本からも水の再利用や汚泥の再生利用と処理、下水道管路などの規格づくりに参加している。

○「下水道政策研究委員会」（委員長：東京大学花木教授）の審議を経て、2014年7月「新下水道ビジョン」を策定。
○「新下水道ビジョン」は、国内外の社会経済情勢の変化等を踏まえ、下水道の使命、長期ビジョン、および、長期ビジョンを実現するための中期計画（今後10年程度の目標および具体的な施策）を提示。

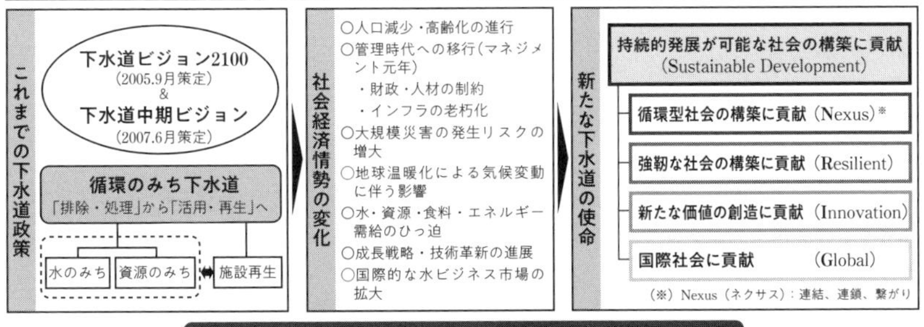

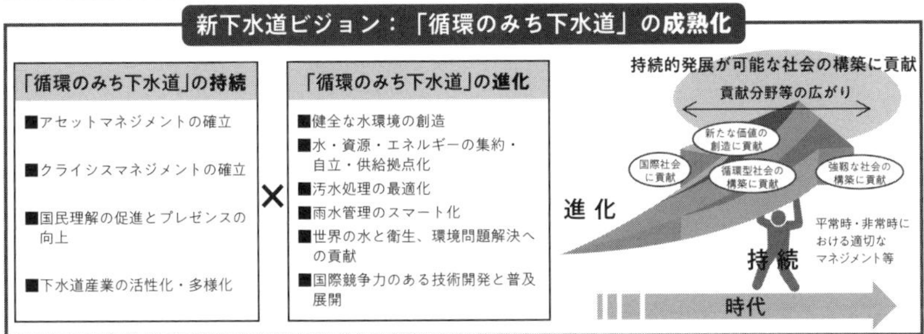

図2.9 新下水道ビジョンについて（概要）[9]

用語解説

アセットマネジメント▶資産（アセット）を効率よく運用する（マネジメント）という意味。「下水道」を資産として捉え、下水道施設の状態を客観的に把握、評価し、中長期的な資産の状態を予測すると共に、予算制約を考慮して下水道施設を計画的、かつ、効果的に管理する手法のこと。

クライシスマネジメント▶「危機」すなわち"組織の事業継続や組織の存続を脅かすような非常事態"に遭遇した際に、被害を最小限に抑えるための組織の対応手段や仕組みのこと。下水道では、非常時の危機管理行動のみならず、これらの行動を決定する上で重要な要素となるハード対策を含めた概念として用いる。

第3章

し尿処理・浸出水処理の概要
～自然をまもる施設～

3.1 廃棄物の処理・処分

廃棄物の分類

「廃棄物の処理及び清掃に関する法律」(廃掃法)では、廃棄物は、産業廃棄物と一般廃棄物とに大別されている。産業廃棄物は事業活動に伴って生じる廃棄物のうち法令で定める20種類をいい、それ以外の廃棄物が一般廃棄物とされ、**し尿**は液状の一般廃棄物に該当する(**図3.1**)。本章では、下水と同様に生活排水の処理を担うし尿処理と、廃棄物最終処分場から発生する浸出水の処理について記述する。なお、廃棄物関係施設には他にも清掃工場(ごみ焼却施設)等で発生する汚水もあるが、近年では生活排水の処理水以外は工場外へ排水しない場合も多いため、ここでは対象としない(清掃工場については関連書籍『基礎からわかるごみ焼却技術』を参照されたい)。

し尿処理

日本では、古くはし尿を貴重な肥料として農地還元することにより、古典的な循環型の社会が形成されていた。しかし、社会経済の発展に伴う都市部への人口の集中、化学肥料の普及および伝染病予防の観点から、昭和20年代にし尿の収集・衛生処理が義務付けられ、し尿処理施設の整備が促進されることになった。その後、さまざまな技術革新と法整備によって効率的な処理システムが確立され、現在では循環型社会に貢献することを目的に、し尿処理施設で発生する汚泥等を有効利用する「汚泥再生処理センター」が指針化されている。し尿処理施設は、今後も人口散在地域での生活排水の処理と資源化施設として重要な役割を担っていくと考えられる。

浸出水処理

一般廃棄物や産業廃棄物は、中間処理やリサイクルされた後、最終的に残ったものが最終処分場で埋立処分される(**図3.2**)。

最終処分場は、埋立物によって**安定型**・**管理型**等がある。このうち管理型は環境汚染防止の観点から、埋立処分場から汚濁物質が地中や周辺へ漏洩しないよう、十分に安全が考慮された遮水構造となっている。

管理型処分場に降った雨は、埋立された廃棄物を浸透し汚れた水となる。この汚水が浸出水で、埋立処分場の底部から集水され、浸出水処理施設で汚濁物質を厳正に処理し、環境に影響を与えないように浄化された水が放流される。処分場への降水は、廃棄物中の汚染物質を洗い出し、廃棄物の無害化を促進する効果もある。浸出水処理施設は、最終処分場に欠かせない存在である。

- 廃棄物
  - 産業廃棄物（事業活動に伴って生じた廃棄物であって廃棄物処理法で規定された20種類の廃棄物）
    - 特別管理産業廃棄物（爆発性、毒性、感染性のある廃棄物）
  - 一般廃棄物
    - 家庭廃棄物（一般家庭の日常に伴って生じた廃棄物）
    - 事業系一般廃棄物（事業活動に伴って生じた廃棄物で産業廃棄物以外のもの）
    - 特別管理一般廃棄物（廃家電製品に含まれるPCB使用部品、ごみ処理施設の集じん施設で集められたばいじん、感染性一般廃棄物等）

し尿は一般廃棄物に該当

図3.1 廃棄物の分類

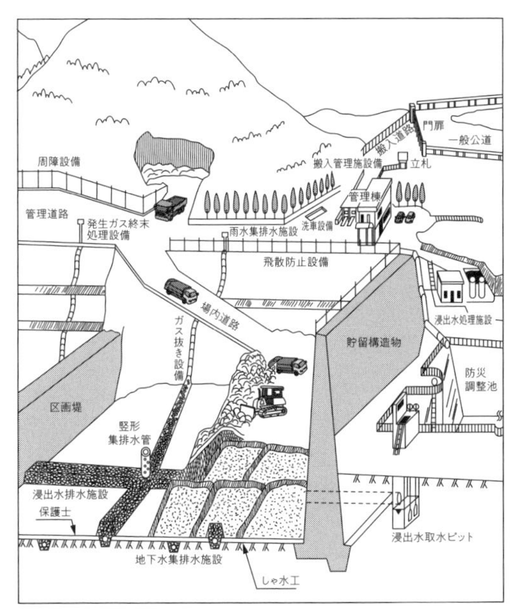

図3.2 管理型一般廃棄物処分場の施設構成の概念［1］

用語解説

し尿 ▸ 人間の大小便を合わせた呼び方で、「し」は大便を、「尿」は小便を意味する。

安定型（処分場） ▸ 産業廃棄物の廃プラスチック類、ゴムくず、金属くず、ガラスくず、陶磁器くず、および建設廃材の5品目を埋立てるもので、環境保全上支障がないものとされている。基本的に浸出水の集水は行わない。

管理型（処分場） ▸ 一般廃棄物や、産業廃棄物のうち廃油、紙くず、木くず、繊維くず、動植物性残さ、動物のふん尿、動物死体および無害な燃えがら、ばいじん、汚泥、鉱さい等が対象となる。遮水工を施し、浸出水はそのまま外部へ流出させず、水処理設備で浄化処理する。

3.2 し尿と浄化槽汚泥

かつてし尿処理施設の整備に伴い、くみ取りし尿の高度な処理が進む一方で、台所排水や洗濯排水などの生活排水は未処理のまま河川等に放流される状態が続いた。この生活排水による水環境の汚染を防ぐため、あるいはトイレ水洗化の実現には、下水道の普及が望ましいが、山間部などに下水道を新たに敷設するよりも、個別に浄化槽を設置して生活排水を処理する方が経済的に有利な地域もあり、これらの地域では浄化槽の設置が進んだ。このような背景からし尿処理施設は、くみ取りし尿と**浄化槽**の処理汚泥を対象としている。

浄化槽汚泥

浄化槽は、生物処理を中心とした小型の排水処理装置であり、その性能を正しく発揮させるためには、定期的な沈殿汚泥の抜き取りや内部清掃が必要となる。この浄化槽清掃時に生じる汚水・汚泥が浄化槽汚泥といわれ、市町村がし尿処理施設で処理することとなっている。浄化槽汚泥はし尿に比べ、BOD、窒素等の濃度は低く、またBOD/全窒素の比が高いことから、生物学的脱窒素処理は比較的行いやすい性状といえる。

し尿の現状

図3.3に示すように、大都市では下水道普及率が高く、ほとんどが下水道で処理されている。これに対し、都市の規模が小さくなるにしたがって浄化槽の割合が大きくなり、人口5万人未満の都市では下水道普及率は50％程度となり、浄化槽や汚水処理未普及の割合が大きい。下水道の普及促進により、浄化槽を含めし尿処理施設で処理を行っている人口は年々漸減傾向にあるが、その割合は依然30％を超えており、し尿処理施設の必要性は高いといえる（**図3.4**）。

下水処理場への受け入れ

下水道の整備に伴い、し尿や浄化槽汚泥も下水処理場で受け入れて処理する事例が増加しつつある。その場合、し尿や浄化槽汚泥の受入設備を下水処理場内に設計し、受け入れたし尿や浄化槽汚泥を夾雑物除去後に汚泥消化槽（メタン発酵槽）や水処理設備に投入して処理することが多い。なお、し尿と浄化槽汚泥はその性状が大きく異なることから、片方が一時的に大量に投入された場合や、大規模な事業場浄化槽から一度に多量の浄化槽汚泥が搬入された場合は、処理対象物の質的・量的な変動が大きくなることに注意が必要である。

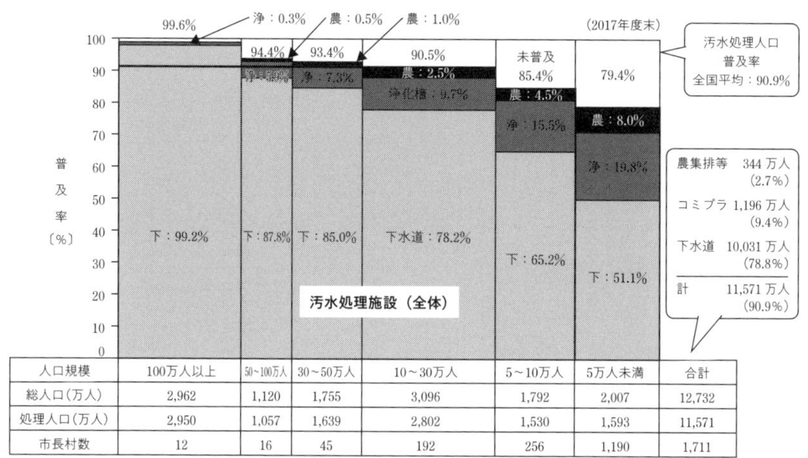

人口規模	100万人以上	50～100万人	30～50万人	10～30万人	5～10万人	5万人未満	合計
総人口(万人)	2,962	1,120	1,755	3,096	1,792	2,007	12,732
処理人口(万人)	2,950	1,057	1,639	2,802	1,530	1,593	11,571
市長村数	12	16	45	192	256	1,190	1,711

※農集排等とは、農村集落排水施設等を指す

図3.3 汚水処理人口普及率（人口規模別、2017年度末）[2]

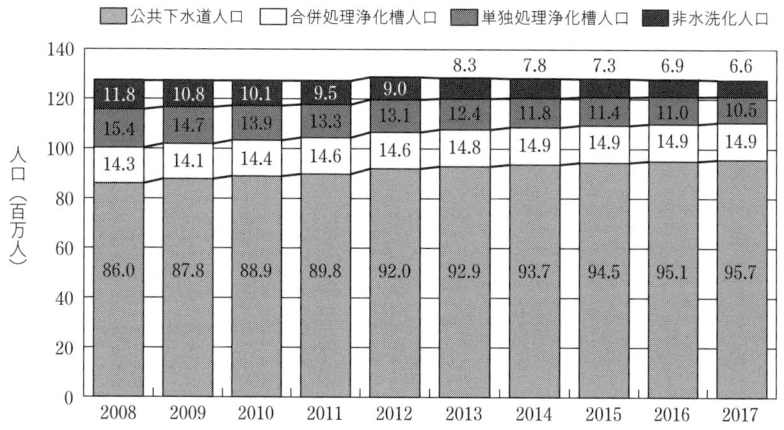

図中の合併処理浄化槽人口、単独処理浄化槽人口、非水洗化人口を合算したものが、し尿処理場にて処理を行っている人口となる

図3.4 し尿の処理形態の推移 [3]

用語解説

浄化槽▸浄化槽とは、水洗式便所と連結して、し尿および生活排水を処理し、終末処理下水道以外に放流するための設備のこと。

3.3 し尿処理システム

し尿は、BOD、窒素等の濃度が非常に高く、通常の活性汚泥法では処理が難しい。し尿処理が行われ始めた初期には、一次処理を嫌気性処理で行って有機物濃度を下げたものを、井水等で20倍程度に希釈して下水並みの水質とした上で二次処理として活性汚泥処理が行われていた。その後、一次処理を好気性とした処理が主流となった後、技術開発により無希釈での生物処理が普及し、1990年代以降は膜処理を適用して高度な処理を実施する方法が一般的となった。

し尿処理

し尿処理施設の基本フローシートを**図3.5**に示す。受入貯留工程ではし尿・浄化槽汚泥を受入れて砂を分離し異物を破砕後、夾雑物（きょうざつ）物を除去し、主処理工程では膜分離装置により活性汚泥濃度を高く維持した生物処理槽で、有機物および窒素を高度に除去する。高度処理工程では色度成分等を除去し放流条件を満たす水質とするため凝集分離、活性炭吸着等が行われる。消毒・放流工程では、消毒を施した後、公共用水域に放流する。また脱臭工程では、各処理工程から発生する臭気を、水洗浄や薬品洗浄、活性炭吸着、生物脱臭等により適正に処理する。

汚泥再生処理センター

「循環型社会の構築」が求められる中、従来型のし尿処理施設に、生ごみをはじめとする有機性廃棄物を受け入れ、エネルギーの回収、資源のリサイクルを実施する「汚泥再生処理センター」が整備されている。基本フローシートを**図3.6**に示す。し尿処理施設と同様の工程に加え、生ごみ等有機性廃棄物の受入貯留・前処理工程、および汚泥処理工程に代わって資源化工程を有する構成となっている。資源化工程には、メタン発酵、堆肥化、炭化に加え、汚泥の助燃材化、あるいはし尿および浄化槽汚泥中のリンを回収し堆肥化するHAPやMAP技術（6.10節を参照）がある。

下水道放流型

近年では下水道の整備に伴い、し尿処理施設の近隣にまで下水道が敷設される事例も多くなってきた。このような場合、下水処理場の処理能力の余力を活用し、し尿処理場では下水道の受入基準まで、比較的簡易な処理を行って下水道放流するシステムの採用も増加している。

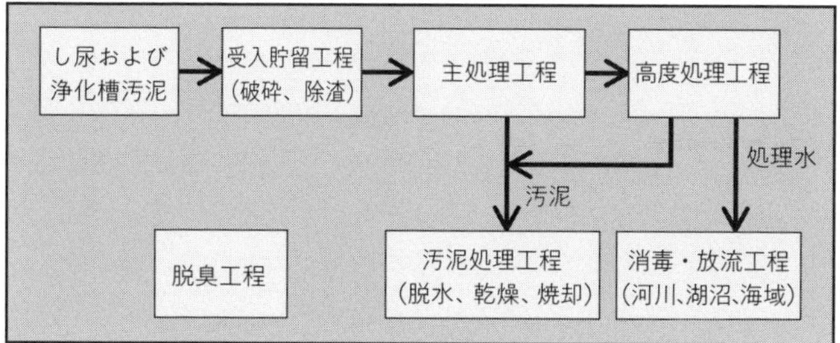

図3.5 し尿処理施設の基本フローシート [4]

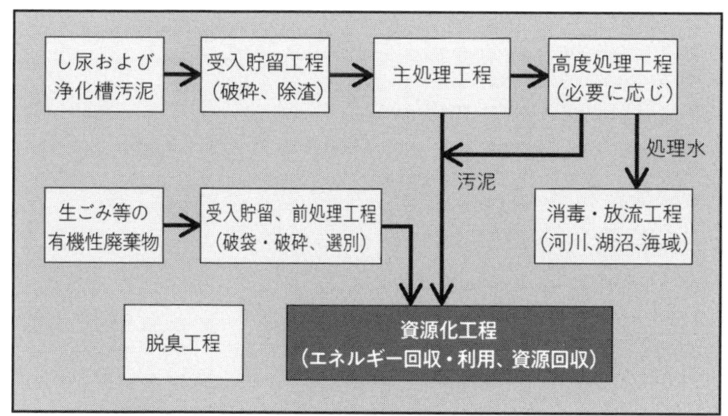

図3.6 汚泥再生処理センターの基本フローシート [4]

3.4 最終処分場と浸出水

最終処分場の機能

廃棄物最終処分場性能指針によると、最終処分場に必要な機能としては、貯留機能、遮水機能、処理機能がある。貯留機能とは、埋立ごみが必要期間支障なく順次埋め立てることができ、埋立終了後も安定して貯留できる機能である。遮水機能とは、埋立ごみに含まれる汚染物質が、降雨などによる地中への浸透を防ぎ公共の水域や地下水を汚染しない機能である。処理機能とは、浸出水処理設備などを設けて、埋立ごみからの浸出水が生活環境や周辺の自然環境などに支障を与えないようにする機能である。

埋め立てられた廃棄物は、降水による汚染物質の洗い出し効果だけでなく、埋立地内のさまざまな反応で安定化する。大きく分けて、有機物は生物分解、無機物は化学反応によって安定化する。有機物は土壌中の微生物によって分解され、最終的には水や気体（二酸化炭素、メタン）、無機塩類となり安定化する。焼却灰に含まれる無機塩類や重金属類は、一部は土壌などへ固定化（安定化）し、水中へ溶出しやすいものは降雨により浸出水中へ移行する。

処分場の構造

埋立構造としては、一般には嫌気性埋立、準好気性埋立、好気性埋立等があるが、嫌気性の場合は埋立槽内が嫌気状態となり、メタンガスや**硫化水素**などが発生するので、メタンによる爆発・火災や硫化水素による中毒・臭気に十分な注意を必要とする。このため、国内では自然通風により埋立層内へ空気を供給する準好気性埋立が多く採用されている（**図3.7**、**図3.8**）。なお、埋立地に屋根（覆蓋（ふくがい））を設けて降雨の影響をなくし、代わりに散水を行うことで浸出水発生量を管理するクローズド処分場もある。

浸出水の性状

浸出水の性状は、基本的に埋立廃棄物質によって左右されるが、BOD、**COD**、アンモニア性窒素などが高くなる。埋立物が焼却残渣やばいじんを主体とする場合は、重金属などの無機成分や難分解性物質の混入も考慮に入れる必要がある。ばいじんには、焼却設備の排ガス処理で捕捉された塩素化合物や消石灰が含まれるため、浸出水の塩素イオン、カルシウムイオンが高濃度となり、またpHはアルカリ性を示す場合が多い。一般廃棄物最終処分場で浸出水処理設備を計画するとき、流入水質の目安として、**表3.1**のような値が用いられる。

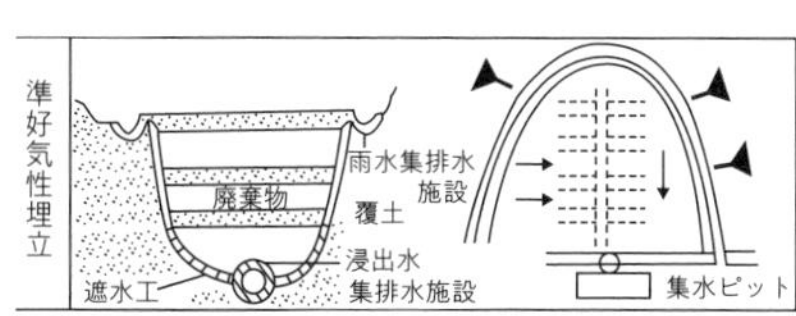

図3.7 準好気性埋立の構造Ⅰ [5]

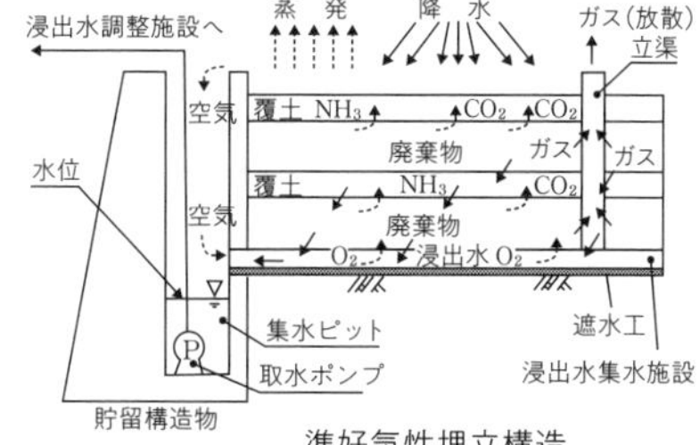

図3.8 準好気性埋立の構造Ⅱ [5]

表3.1 計画流入水質の目安(埋立廃棄物が焼却残渣と不燃性廃棄物の場合) [6]

項目	水質の目安	影響因子	備考
SS	100～200mg/L	・気象条件、特に降水強度と連動する ・埋立が進むと変動しにくくなる	・降水強度が大きいとSS濃度が急激に増大し、一時的には、800mg/L程度に達することがある
BOD	50～250mg/L	・焼却残渣の熱灼減量により濃度は増減する ・不燃物に付着する有機物量により増減する	・埋立初期に1,600mg/L程度となることもある
COD	50～200mg/L		・埋立初期に400mg/L程度になることもある ・生物易分解性CODと難分解性CODがあることに留意すべき ・焼却残渣の性状(薬品等添加物)により、難分解性CODが増加することもある
T-N	50～100mg/L		・埋立初期に300mg/L程度になることもある ・焼却残渣の性状(薬品等添加物)により、増加することもある
Ca₂+	500～3,000mg/L	・焼却排ガスの塩化水素除去設備(乾式)に用いる石灰投入量により増減する	・焼却残渣主体の最終処分場ではピーク時に5,000mg/L程度になることもある
Cl－	2,000～20,000mg/L		・ピーク時には、30,000mg/L程度になることもある

用語解説

硫化水素 ▸ 無色の気体で有毒であり、1,000ppm程度が致死濃度とされており、しばしば作業時の事故原因物質となっている。腐った卵のにおい(腐卵臭)を有し、悪臭防止法でも規制されている。

COD(Chemical Oxygen Demand:化学的酸素要求量) ▸ 水質指標の一つで、水中の被酸化性物質を酸化するために必要とする酸素量で示したもの。一般に汚れているほどこの値が大きくなり、海域や湖沼の環境基準に用いられている。

3.5 浸出水処理設備

浸出水処理は、埋立地内の浸出水集排水設備によって集められた浸出水で放流先の公共用水域を汚染しないように処理することが目的である。浸出水の水質は、埋め立てられる廃棄物の質や埋立工法により異なり、浸出水の量は、降雨や降雪、日照の影響を受けて変動しやすい。したがって、浸出水処理設備は水質の変動や間欠運転に対しても安定した処理を可能にするための配慮が必要であり、水量・水質の安定化を図るため、降水量に応じた浸出水調整槽が設けられる。

水処理プロセス

浸出水の処理は、有機物、無機物、重金属類などが対象となり、生物処理設備によるBOD、COD除去と、凝集沈殿＋ろ過などの物理処理によるSS、無機物除去が組み合わされることが一般的である。実際には、除去対象物質や放流水質に応じた処理プロセスが構築される。フロー例を**図3.9**、**図3.10**に示す。

アンモニア性窒素の除去が必要な場合は、生物処理に硝化脱窒素処理が採用される。浸出水中のカルシウム濃度が高い場合は、浸出水処理設備において析出し、配管の閉塞や機器への付着によるトラブルを起こすため、処理工程の初めに炭酸ソーダによる凝集沈殿が行われる。また、色度やCODの仕上げ処理である活性炭吸着、あるいは重金属類除去のバックアップとしてキレート吸着樹脂塔を備えることも多い。

近年は最終処分場の残余量のひっ迫および資源リサイクルがより進んだことにより、処分場へ搬入される可燃物や有機性廃棄物は減り、ばいじんの比率が高まりつつある。これに伴い、浸出水中の塩素イオンが数千～20,000mg/Lの高濃度となることがある。このような場合、浸出水処理設備の金属腐食や生物処理阻害、また放流先の農業被害などの影響を考慮する必要がある。塩素イオンを除去するためには、逆浸透膜法、電気透析法、蒸発濃縮法などの塩素除去技術が用いられる。ただし、いずれの除去方法も副生成物として濃縮塩が発生し、その処分や再利用の面で課題がある。

設備の維持管理

浸出水処理設備の機器類、計器類の日常点検や整備については、塩素イオンによる機械設備の腐食や、カルシウムイオンによる配管や機器類へのスケール付着や閉塞などのトラブルには注意を要する。

最終処分場では10年や15年程度の埋立期間終了後も、廃止基準を満たすまで浸出水処理設備の運転は必要で、最終処分場の閉鎖まで長期間にわたり運転することを想定しておく必要がある。

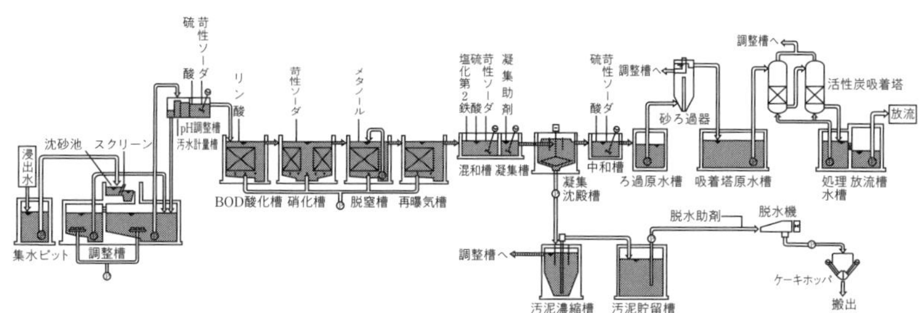

図3.9 BOD、窒素、SS、重金属除去主体のフロー例

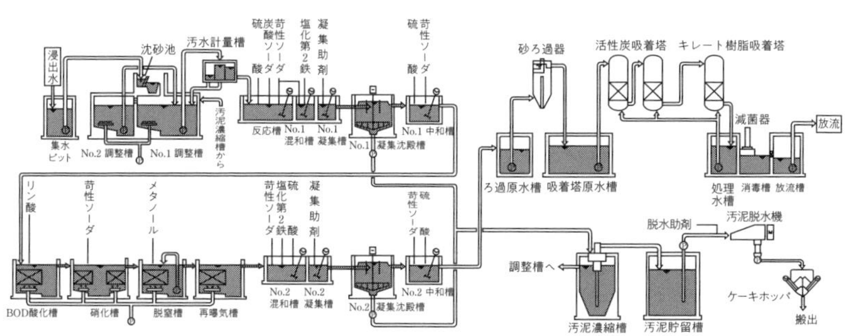

図3.10 Ca、BOD、窒素、SS、重金属除去主体のフロー例

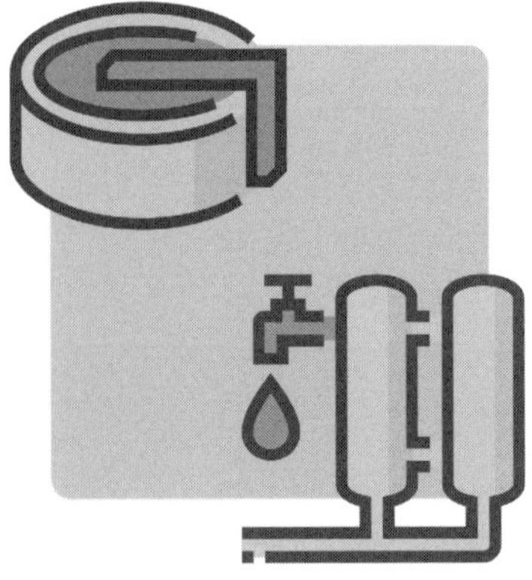

第 4 章

物理・化学的な水処理

～自然の摂理を最大活用～

4.1 沈降分離

流体中に浮遊分散している固体粒子は、重力の場において粒子／流体間の密度差を利用して分離することができる。粒子の密度が液体の密度より大きい場合は沈降分離、逆に小さい場合は浮上分離により粒子を分離することができる。沈降分離操作は、上・下水処理場、し尿処理場、その他のあらゆる水処理施設において土砂類の除去、SSの沈殿分離、汚泥の濃縮など最も多用される。

コロイド状で流体中に懸濁している微小粒子に対し、凝集剤を添加し、粒子を粗大化して分離する方法を凝集分離という。凝集分離、およびそれを応用した浮上分離は後述する。

水面積負荷

沈降分離の難易は一般に対象粒子の沈降速度によるといえる。その沈降速度は、粒子の形状と密度、流体の密度および粘度などに左右され正確な値を求めるのは容易ではない。そのため、便宜的に粒子を理想的な単一球形粒子と考え、沈降速度を算出する。沈降分離槽としては、**図4.1**に示されるように粒子の沈降速度vよりも流体の槽内上昇速度Vを小さくする必要がある。結局、この上昇速度Vは流入水量（流入負荷量）Qを槽の水面積Aで割った値となる。この値は水面積負荷と呼ばれ、分離槽の設計において最も重要な因子の一つである。

各装置の水面積負荷の一例を**表4.1**に示す。沈砂池では、沈降速度の速い砂の除去を目的とするため水面積負荷の値を大きくとることができるが、沈降速度の遅い活性汚泥粒子の分離を目的とする最終沈殿池では小さな値とする必要があり、その結果沈殿池の面積は大きくなる。

分離効率アップの工夫

重力の場を遠心力の場に置き換えて分離するのが遠心分離である。分散粒子を含む流体に回転運動を与えた場合、分散粒子には**遠心効果**$Z = r\omega^2/9.8\mathrm{N}$が作用し、重力の$Z$倍の遠心力が回転半径方向に働いて沈降分離される。この遠心分離を利用した装置としては、砂の分離を目的とした液体サイクロン、汚泥の濃縮および脱水を目的とした遠心分離機などがある。

また、沈降分離槽に傾斜板を挿入して分離効率を上げる方法がある。粒子の沈降速度は槽水深に無関係で、分離の効率は水面積によって決まる。槽内に傾斜板を配置した場合、粒子の沈降分離は液面上と傾斜板の裏面からも進行し、沈降槽水面積が傾斜板の水平投影面積分増加することになる。

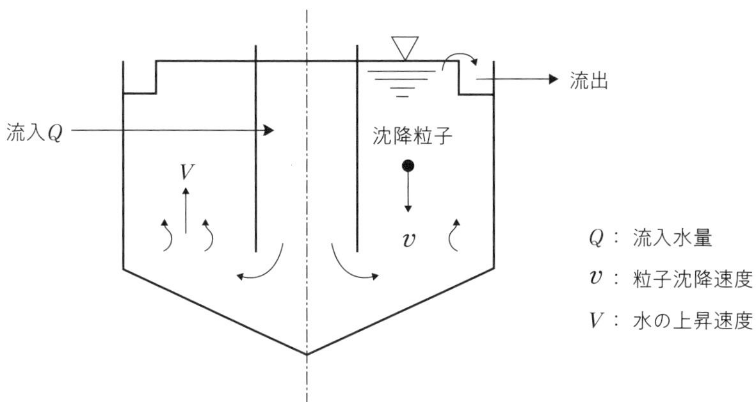

図4.1 沈降分離槽内の沈降粒子

表4.1 各装置の水面積負荷（下水処理場）

装置名	水面積負荷〔m^3/m^2・日〕
雨水沈砂池	3,600
汚水沈砂池	1,800
最初沈殿池	25～70
最終沈殿池	20～30

用語解説

コロイド状（粒子）▶大きさは0.001～1μm程度の微細粒子で、周囲の流体の分子運動の影響を受けて不規則な運動をするようになる。

遠心効果Z▶半径r、角速度ω〔rad/秒〕の回転体の遠心力の大きさを表す尺度で、重力加速度9.8Nの倍数を示す。

4.2 凝集分離

固液分離を行う場合、水中に懸濁する微粒子の沈降速度Vは次式（ストークスの式）で表され、粒子径が小さくなるほど沈降速度は遅くなり、重力による分離が難しくなる。

$$V = \frac{D^2 (P - P_w) g}{18 \eta}$$

ただし、V：粒子の沈降速度　D：粒子の直径　P：粒子の密度
P_w：水の密度　η：水の粘度　g：重力の加速度

一般に、懸濁（けんだく）質の粒子径が10 μm以上であれば重力沈殿や砂ろ過で分離できるが、さらに細かいコロイド状の微粒子になると安定した分散状態にあり、静置しても沈降しない。そのため、通常は凝集剤を添加して分散粒子を集合、粗大化して分離する手法がとられる。また、凝集処理では濁質の分離とともに水中に溶解しているリン、COD、色度成分も除去されるため、排水処理では特に高度処理において多く採用される。

凝集分離の原理

排水中に懸濁している粒子の表面は、一般に負に帯電しており、互いに同種の電荷のために反発しあって合一が妨げられている。薬品添加による凝集作用は、**図4.2**に示すように二つの過程からなる。❶無機凝集剤を添加して粒子表面の荷電中和を行い、粒子が合一しやすくする。同時に析出した金属水酸化物に濁質を抱き込ませる（一次フロック化）。❷凝集した**フロック**を高分子凝集剤の架橋作用により粗大化させる（二次フロック化）。そして十分に粗大化したフロックは重力沈降（凝集沈殿）、浮上分離（凝集浮上）またはろ過（凝集ろ過）によって分離される。

凝集に影響する因子

同じ凝集剤を同量使った場合でも操作条件を誤まると、目的とする結果が得られない場合もあり、注意が必要である。

①pHの影響：凝集処理で最も重要な操作因子で、懸濁粒子表面の荷電の強さ、排水中の溶解物質の析出、薬品の凝集効果を左右する。各凝集剤の適性pH域を**表4.2**に示す。

②撹拌：凝集剤の種類、役割によって撹拌の内容が変わってくる。すなわち、一次フロックを作るためには、短時間で薬品と濁質を混和するために急速撹拌が、また二次フロックを形成させるためには、粒子間の架橋を壊すことなく成長するように緩速撹拌が、それぞれ適している。

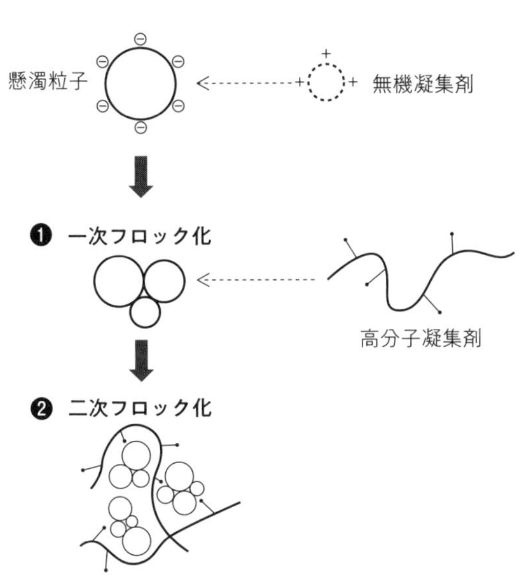

図4.2 懸濁粒子のフロック化

表4.2 凝集剤の有効pH域

凝集剤の種類	pHの有効範囲	特徴
硫酸アルミニウム	5～8	・腐食性は低い ・フロックが軽い
ポリ塩化アルミニウム	5～8	・中和剤が少なくてよい ・凝集性がよい
塩化第二鉄	4～11	・腐食性がやや高い ・フロックが重く沈降性がよい
ポリ硫酸第二鉄	4～11	・腐食性は低い ・フロックが重く沈降性がよい

用語解説

フロック▶液中で集合することなく安定的に分散する懸濁粒子を凝集剤の力によって沈降分離できる大きさまで粗大化されたもの。

4.3 浮上分離

油分等の比重が軽い懸濁質の場合、すなわち4.2節の凝集分離で示した粒子のストークスの沈降速度式において、$(P-Pw)$が負の場合には、懸濁質を水面上に浮上させて分離できる。また水より重くても、その比重差が非常に小さくて沈降分離しにくい場合に、懸濁質に微細気泡を付着させて見かけの比重を水より小さくして、浮かせて分離することができる。これを浮上分離法といい、排水処理では、前処理、高度処理、汚泥濃縮などでよく採用される操作である（**図4.3**）。

浮上分離法にはいろいろな種類があり、一般に次のように分類できる。

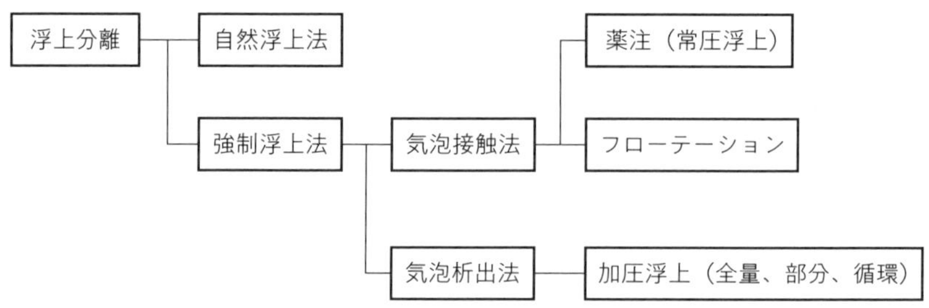

自然浮上法の事例としては、前処理段階で用いられる油の分離がある。

微細気泡を懸濁質に付着させる強制浮上法には、散気板などで生じた微細気泡の表面に浮遊粒子を付着させて浮上させる気泡接触法と、加圧下のもとで空気を過剰に溶解させた水を排水中に減圧放出し、過飽和空気を粒子表面に析出付着させる気泡析出法がある。前者の一つである常圧浮上は、凝集剤や起泡助剤を添加して汚泥を浮上させるもので、下水汚泥の濃縮などに採用されている。また排水処理では、後者の加圧浮上法が多用される。

気固比

加圧浮上操作において最も重要な操作因子は、単位重量当たりの分離対象粒子を浮上分離させるのに必要となる空気量である。これを気固比と呼び、kg－空気／kg－固形物で表される。気固比は粒子の物性や操作条件のほか、分離操作の用途にも大きく左右されるが、生活排水処理においては通常、0.02～0.04kg－空気／kg－固形物の範囲で操作される。

図4.4に水に対する空気の溶解量を示す。空気の溶解量は温度を一定とする

と絶対圧力に比例し、加圧力が高いほど水へ溶解する空気量が多くなる。一般に0.2～0.5MPaの加圧下で溶解操作される。

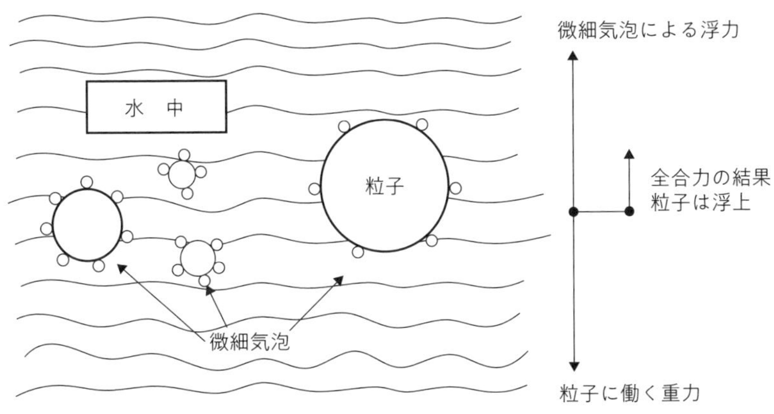

図4.3 浮上分離の原理

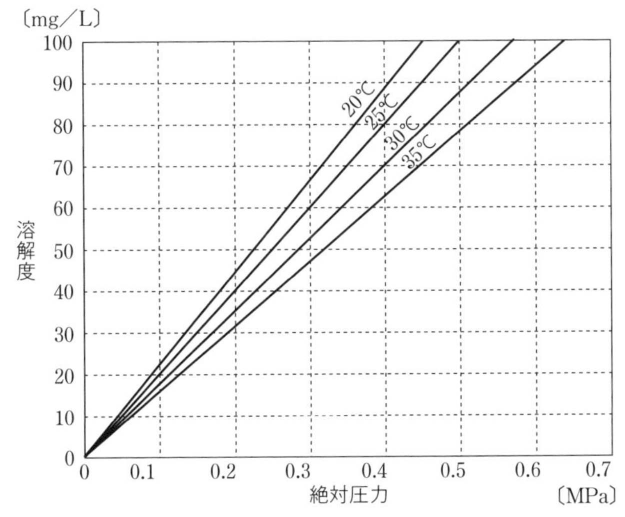

図4.4 水に対する空気の溶解量

4.4 ろ過

水中に浮遊している懸濁物質(SS)を、ろ過材を使って分離する操作をろ過という。ろ過として、鋼または布状のフィルタを用いたフィルタろ過と、粒子状の砂や合成樹脂等のろ材を用いたろ材ろ過がある。そして、ろ材ろ過のうちろ材として砂を用いたものを砂ろ過といい、上水、下水および一般廃水処理の分野で広く採用されている。ここでは、砂ろ過を中心としたろ材ろ過について述べる(**図4.5**)。

ろ過装置の種類

ろ過速度(処理量／ろ過面積)の違いから、緩速ろ過と急速ろ過に分けられる。緩速ろ過は10m^3/m^2·日以下(＝10m/日以下)の低いろ過速度でろ過層へ通水し、ろ材(砂)のろ過機能だけでなく、ろ材の表層部に形成されるろ過膜の生物化学的作用により水を浄化する。かつては上水処理で多用されていたが、設置スペースの問題などから、今では採用されるケースはほとんどない。急速ろ過は200～450m/日程度の比較的速いろ過速度で運転されるもので、今では一般に砂ろ過といえば急速ろ過を示し、排水処理の仕上げや、下水の高度処理、再利用水の造水で砂ろ過装置は多用されている。このほか、下水処理の高度処理用に設置する砂ろ過設備の省スペース化システムとして450～1,000m/日程度の高速ろ過装置も採用されている。

砂ろ過の種類は、原水の通水方法、運転操作圧、ろ床の型式により、さまざまな種類がある(**表4.3**)。

上向流移動床式砂ろ過装置

ろ過によって、ろ材に目詰まりが生じれば、逆洗を行い捕捉した汚れを洗い出す操作が必要になる。移動床式(移床式ともいう)砂ろ過では、ろ過器の中央に砂洗浄装置を内蔵し、目詰まりしたろ材を常時少量ずつ洗浄しながらろ過を行う(**図4.6**)。

この方法では、ろ過後のろ材を装置の底から吸い上げ、上部で洗浄し洗浄後の砂を再びろ層上部に戻す。この操作をろ過処理と並行して行うので、ろ材がゆっくりと循環、移動することから移動床式と呼ばれる。

この方式は、その他のろ過方式で必要な逆洗工程がなく、逆洗に必要なポンプが不要となり、設備全体がコンパクトで維持管理性に優れた方式である。

ろ材粒径の大切さ

ろ材は粒子径が小さいほど小さなSSを捕捉でき、除去率を上げることができる反面、ろ過抵抗（通水抵抗）は大きくなる。一般に、SSの捕捉はろ材粒子表面への付着と考えられ、SSの除去率はろ材層厚に比例、粒子径に反比例する傾向がある。

また、逆洗後のろ材粒子径の位置的な偏りを防ぎ、全ろ過域での平均したろ過機能を保つために、ろ材の粒子径はできるだけ揃える必要がある。粒子径の揃いの程度を表す指標に**均等係数**がある。上向流の移動床式の砂ろ過では、通常均等係数1.4以下の砂が用いられる。

表4.3 急速ろ過の種類

ろ過器の形式	原水の流れ方向	ろ床の型式
重力式	下向流	固定床
		移動床
	上向流	固定床
		移動床
	水平流	移動床
圧力式	下向流	固定床
	上向流	固定床
	上下向流	固定床

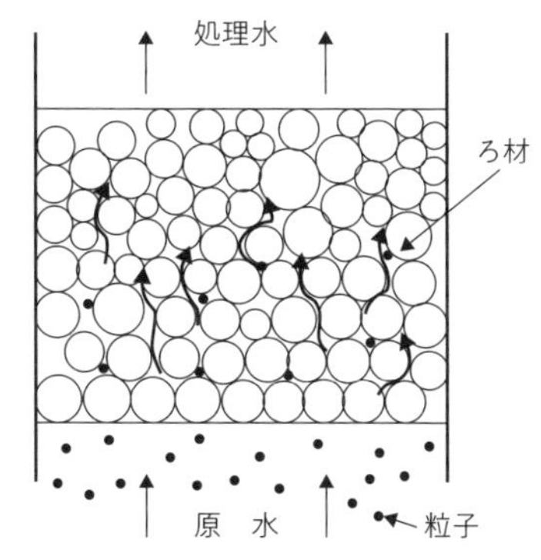

図4.5 ろ材による懸濁粒子の捕捉（イメージ）

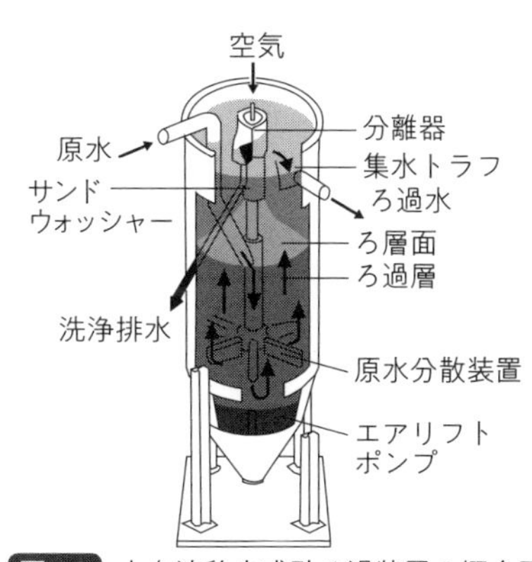

図4.6 上向流移床式砂ろ過装置の概念図

用語解説

均等係数▸粒径の揃いの程度を示す指標。ふるい分けにおいて、60％通過率の粒径と10％通過率の粒径との比でバラツキが大きいほど大きな値となり、揃いの程度が高いほど1.0に近づく。

4.5 膜分離

膜の種類

膜は一般に、膜表面の細孔の大きさにより、精密ろ過膜（MF：Micro Filter）、限外ろ過膜（UF：Ultra Filter）、ナノろ過膜（NF：Nano Filter）および**逆浸透**ろ過膜（RO：Reverse Osmosis）に分類される。その分離対象粒子は、**図4.7**のように、どれも数ミクロン以下の微細粒子で、ROに至っては塩素イオンなど分子量が数十の分子についても分離が可能である。膜材質は各メーカーによりさまざまなものが開発されているが、高分子有機膜が多く、セラミック製無機膜も実用化されている。また、膜は水槽に浸漬させて用いる場合と、槽外に膜ユニットを設置して用いる場合があり、それぞれに適した形状のものが用いられる。**図4.8**に後者の一例であるスパイラル型の構造図を示す。

フラックスとファウリング

膜の透過性能を表す**フラックス**は膜の種類、用途によって大きく異なるが、原液の濃度、圧力、膜表面流速などの操作条件にも大きく左右される。さらに、当然のことながら運転時間の経過とともに膜表面は膜面で阻止された物質の付着などにより汚染され、フラックスは徐々に低下する。この種の性能低下は洗浄によりある程度までは回復可能であり、この透過性能低下現象はファウリングと称され膜の劣化（膜材質の経年劣化による強度低下や損傷など）と区別される。安定したフラックスを維持するために膜の洗浄による機能回復が大変重要となる。膜の最大の特徴は“各々の膜に相応する大きさの微小粒子を確実に分離できる”ことであるが、“水量負荷的に膜面積当たりの水量が制限される（水量を変化させることができる範囲が限定される）”ことが最大の弱点となる。

膜分離技術の用途

膜の用途は、清澄水を得る目的の“清澄ろ過”と、有価物の回収を目的とする“濃縮分離”に大きく分けられる。前者の例としては、排水処理の固液分離、浄水処理、脱塩処理などがあり、後者の例は、食品や飲料品の濃縮・精製がある。

下水処理の分野でも、主にMF膜が活性汚泥の固液分離に用いられるケースがあり、最終沈殿池の省略や高度な処理水が得られる利点に加え、曝気槽のMLSSを高濃度に保持できることにより、処理の効率化も図られる。

また、RO膜は脱塩ができることから、海水の淡水化や超純水の製造等に世界中で広く利用されている。ただし、RO膜の浸透操作圧は高く、海水の淡水化では通常5～6MPaが必要になる。この製造圧を得るための加圧ポンプに必要な動力が大きく、造水コストの大部分を占める。

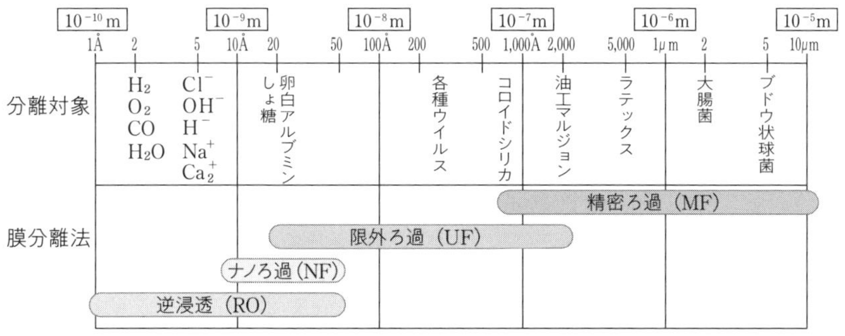

図4.7 膜分離法の種類[1]

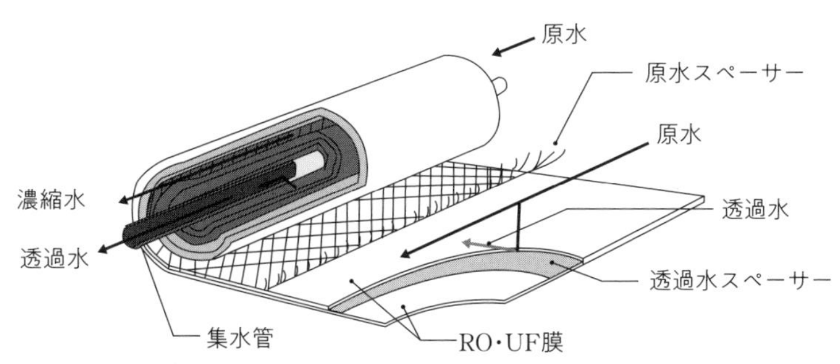

図4.8 スパイラル型膜エレメントの構造図[2]

用語解説

逆浸透▶水は透過するが、溶質はほとんど透過しない性質を持った膜（これを半透膜あるいは逆浸透膜という）を介して溶液と水を置くと、水だけが溶液側に移動する。これが浸透である。このとき溶液側に圧力をかけると、水溶液中の水だけが半透膜を透過して水側に移動する。このようにして、水溶液から水を取り出すことができる。これが、逆浸透（RO：Reverse Osmosis）の原理である。

フラックス▶膜の単位面積当たりの透過水量を示すもの（透過流速）で、m^3/m^2・日で表される。

4.6 活性炭吸着

活性炭は**水中の有機物**、特に微量有機物の除去に著しい効果を示す。有機物を含む水に粉末活性炭を添加し、しばらく撹拌を続けていくと、排水中の有機物濃度が徐々に減少し、最終的にある一定の平衡濃度に達する。これは、液と接触している活性炭表面に有機物が濃縮されるために生じるものであり、このような現象を吸着という。吸着の力は、その固体の持つ表面の性状により異なる。一般的に、表面に複雑な凹凸や細孔が多数あり、表面積が大きければ吸着力はそれだけ増加する。単位重量（体積）当たりの表面積が大きい活性炭は、最も優れた吸着物質の一つである。

活性炭の不思議な機能

活性炭は1g当たり500～2,500m^{2}の表面積を持ち、現在の吸着処理剤としては最上位にある。活性炭の細孔は**図4.9**に示すように内部に網目状に広がり細孔表面に物質が吸着する。原料は大別して植物性（木材、果実殻等）と鉱物性（石油、石炭、コークス等）があるが、近年は鉱物性の流通量が圧倒的に多い。活性炭には粒状と粉末状のものがある。粒状炭は再生して繰り返し使用できる。再生方法には、熱再生法と薬品再生法があるが、有機物の吸着の場合、一般に500～900℃の高温で熱再生される。

吸着等温線

排水に含まれる有機物が吸着されやすい物質であるかどうか、また単位質量の活性炭で、どの程度の排水量が処理できるかなどを予測する上でも、活性炭の平衡吸着量を知っておく必要がある。一定温度において、活性炭と排水とを接触させて平衡状態に達したときの溶質濃度（平衡濃度）を横軸に、そのとき活性炭に吸着された溶質量（吸着量）を縦軸に表されたものを吸着等温線という。**図4.10**において、(a)のように直線の勾配が小さいときは、低濃度から高濃度にわたってよく吸着する。また(b)は高濃度では吸着量は大きいが、低濃度域では吸着量が著しく小さいことを示している。

浄水処理

活性炭は現在、異臭味や着色成分などの除去用として多数用いられている。また、大部分の浄水場においては酸化剤、殺菌剤として塩素が使用されているが、**フミン**質などの**前駆物質**と反応して、発ガン性の疑いのあるトリハロメタン（THM）などの有機塩素化合物を生成する。その対応策として、前駆物質をオゾン処理＋活性炭吸着で除去する高度浄水処理が用いられている。

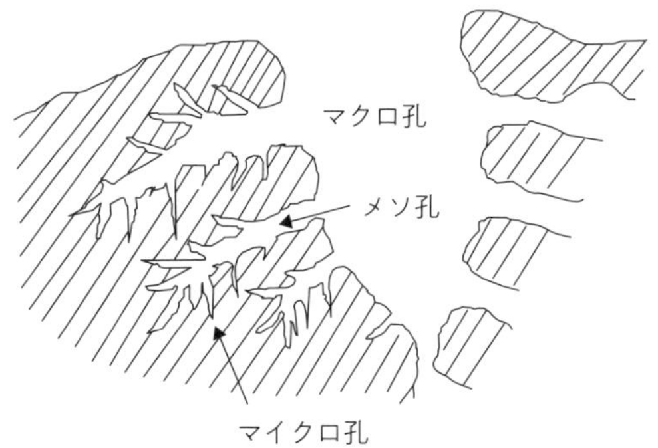

図4.9 活性炭細孔の構造[3]

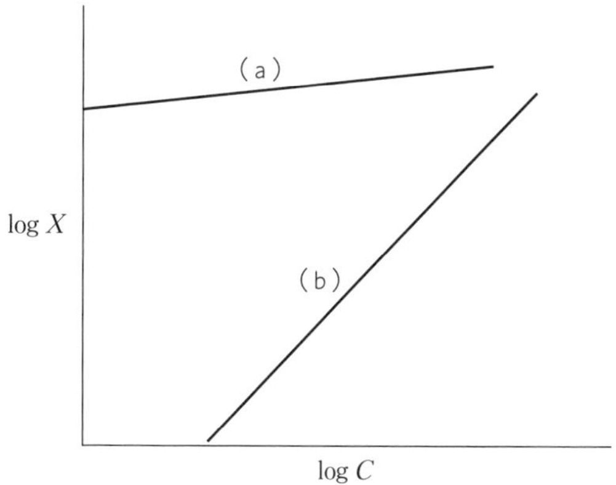

X：活性炭単位質量当りの吸着量
C：平衡濃度

図4.10 吸着等温線

用語解説

水中の有機物▸水質の汚濁に関係する主要物質の一つである。含有量が増大すると自浄作用が停止し、水中の微生物および水棲生物を死滅させたり、水を腐敗させ硫化水素を発生させたりする。

フミン▸植物などが微生物によって分解されるときの最終生成物で、難分解性の高分子化合物の総称である。腐植物質ともいう。

前駆物質▸着目する生成物の前の段階にある一連の物質を指すが、一般には一つ前の段階の物質を指す。主要な生体物質の生合成過程についていうことが多い。

4.7 酸化分解

酸化処理

電子を失う反応を酸化、相手の物質を酸化させる物質を酸化剤という。酸化処理は水処理において極めて重要な一手法である。水処理で、代表的な酸化処理といえば、生物学的酸化処理であり、活性汚泥法や散水ろ床法などの好気性処理で、すでに確立されたプロセスとなっている。

下水処理やし尿処理における生物反応槽では、微生物による生化学反応が無数に起こっている。そのうち、有機物は酸素により分解され、アンモニアは亜硝酸や硝酸に変換される。これらは酸化反応である。

オゾン酸化

オゾンは非常に強い酸化力を持つ。オゾンによる殺菌は、この酸化力による細菌の細胞膜の破壊や分解によってなされ、塩素より消毒速度が早いといわれている。オゾンは反応性が高いので有機物の分解、臭気や色の除去にも効果があり、これにもオゾンが消費される。

促進酸化法

促進酸化法（AOP：Advanced Oxidation Process）は非常に酸化力の強いHO**ラジカル**を発生させ、これにより水中の汚濁物質を酸化分解するものである。HOラジカルの発生方法としては、**図4.11**に示すようにさまざまなものがある。HOラジカルは、**酸化還元電位**（酸性条件下）が2.85**eV**であり、オゾンの2.07eV、過酸化水素の1.77eV、次亜塩素酸の1.49eVと比較しても、その酸化力は非常に強い。AOPには有機物の完全分解が可能、二次廃棄物が発生しない、微量汚染物質の分解除去が可能、という特徴がある。

各種有機物とHOラジカルとの反応速度定数およびオゾンとの反応速度定数を**表4.4**に示す。HOラジカルとオゾンでは反応速度は大きく異なり、HOラジカルはオゾンに比べて非常に酸化力が強いことがわかる。特に、生物難分解性物質に対して非選択的に分解が可能であり、ダイオキシン類や農薬類に対しても、高い反応速度定数となっており、分解が可能である。

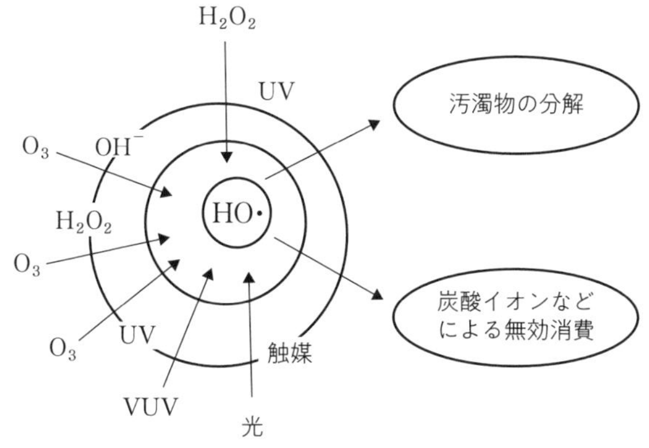

図4.11 HOラジカルの発生方法[4]

表4.4 各種有機物のオゾンおよびHOラジカルとの反応速度定数[4]

	オゾンとの反応速度定数〔1/M·s〕	HOラジカルとの反応速度定数〔1/M·s〕
フタル酸ジエステル	0.14 ± 0.05	4×10^9
フタル酸ジメチル	0.20 ± 0.10	4×10^9
トリクロロベンゼン	≦ 0.06	4×10^9
PCBs	<0.05 <0.9	5×10^9 6×10^9
2,3,7,8-PCDD	–	4×10^9
アトラジン	24 ± 4 13 ± 1 6.0 ± 0.3	$(2.6 \pm 0.4) \times 10^9$
シマジン	4.8 ± 0.2	$(2.8 \pm 0.2) \times 10^9$
ペンタクロロフェノール	$> 3 \times 10^5$	4×10^9

用語解説

ラジカル▸不対電子を持つ原子または原子団。一般に、化学反応性が大きく、不安定。気相での光化学反応や熱化学反応、また工業化学上重要な各種の重合反応など、種々の化学反応の中間体として現れる。すなわち、原子、分子が反応性が高い状態にあること。

酸化還元電位▸酸化還元対を含む溶液に白金電極と水素電極とを入れると、両極間に電位差が生じる。これを酸化還元電位（Oxidation Reduction Potencial、略してORPと書く）という。

eV▸電子ボルト（Electron Volt）の略。1個の電子が1Vの電位差だけ移動したとき電子が得るエネルギー。1〔eV〕= 1.6×10^{-19}〔J〕。

4.8 消毒

消毒とは、病原性微生物を選択的に死滅させることをいう。

下水処理水中の病原性微生物は大腸菌群数で表され、公共用水域への排出基準値としては、日間平均3,000個/mL以下にすることが設定されている。このため、処理場の最終段において消毒設備が設置されている。

最も一般的な消毒剤は塩素であるが、他にも紫外線やオゾンによるものがある。これまで用いられてきた消毒技術の特徴を**表4.5**に示す。なお、近年は**ノロウイルス**に代表される病原微生物や**クリプトスポリジウム**など感染性の高いものに対し、特に下水処理水を再利用する際にも衛生学的安全性が確保されるよう、国土交通省によりマニュアルが発行されている。

塩素消毒

塩素は強い酸化力や殺菌作用を持つ。これは塩素を水溶液にしたときの塩素化合物が、細菌などの細胞膜を通過して酵素の作用を阻害したり、高濃度では細胞膜を破壊することなどで殺菌する。

消毒用塩素剤として最もよく用いられているのは次亜塩素酸ソーダである。**図4.12**は遊離残留塩素である塩素ガスCl_2、次亜塩素酸HOClと次亜塩素酸イオンOCl^-の水中でのpHによる存在形態を示したものであり、pHに応じて存在比が変化する。排水中にアンモニアNH_3が存在する場合、残留塩素はアンモニアと結合してクロラミンと呼ばる物質を生成する。クロラミンは、結合残留塩素と呼ばれ殺菌力を持つが、その効力は遊離残留塩素より弱い。遊離残留塩素と結合残留塩素を合わせたものが残留塩素と呼ばれる。

紫外線消毒

波長200～290nmの紫外線は、微生物の細胞膜を透過し、生命の遺伝と生物機能をつかさどる核酸（**DNA**）に損傷を与え、その増殖能力を失わせる作用がある。紫外線殺菌は、特にこの作用が強い波長250～260nm（通常254nm付近）の紫外線を利用して殺菌する。薬品を利用する方法と異なり、殺菌作用の残留効果はない。

オゾン消毒

オゾンは、塩素剤に比べて酸化力が強く、近年上水処理のカビ臭等の除去に使用されている。下水処理水は都市部における水資源として見直されており、修景用・親水用水として用いられ、その際の消毒、脱色および脱臭を目的としての利用が増えている。

表4.5 主な消毒技術の特徴 [5]

項目	塩素消毒		紫外線消毒	オゾン消毒
	次亜塩溶液	固形塩素		
適応処理場規模	中、大	小	小、中、大	中、大
現場の安全管理	重要	中	小	中
放流先の水生生物への影響	有	有	無	無
接触または照射時間	長	長	短	長

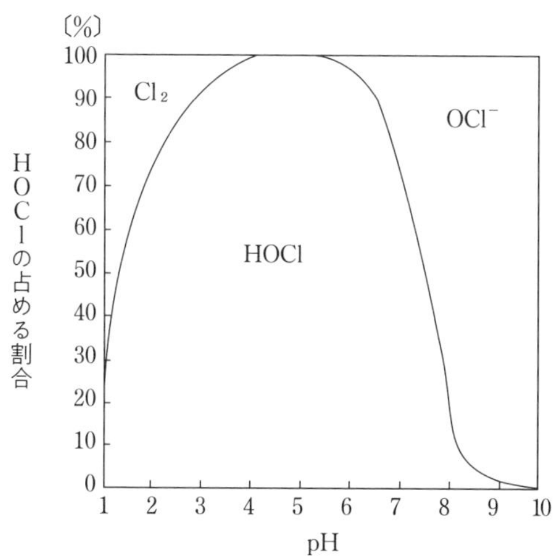

※金子光美 編著『水質衛生学』p.290（図8.15），技報堂出版株式会社（1996）より引用

図4.12 次亜塩素酸のpHによる変化 [6]

用語解説

ノロウイルス ▸ 感染性胃腸炎や食中毒を引き起こすウイルスで、特に冬に流行する。感染者の糞便や吐しゃ物、貝の摂食により感染する。

クリプトスポリジウム ▸ 下痢等の感染症を引き起こす微生物で、オーシストと呼ばれる丈夫なカラに覆われた形態となることから、塩素消毒に強いとされている。オーシストの削減には、凝集沈殿や砂ろ過による固液分離および紫外線消毒が有効である。

DNA ▸ Deoxyridonucleiacid（デオキシリボ核酸）の略。親から子孫へ引き継がれるさまざまな遺伝子情報を規定する基本単位（遺伝子）の本体となるもの。

第5章

生物学的な水処理
～ミクロの決闘～

5.1 活性汚泥法

活性汚泥法は下水、し尿および有機性廃水を処理する最も一般的な生物学的処理法の一つである。

活性汚泥法の原理

活性汚泥法の中核は反応槽（曝気槽）である。反応槽では、活性汚泥と呼ばれる好気性微生物（細菌・カビ・**原生動物**など）を多量に含む汚泥を処理すべき排水と十分混合し、微生物の活動に必要な空気を供給（曝気）して、排水を浄化している。正常な活性汚泥は分離が容易であるため、曝気後の混合液は、最終沈殿池において沈降分離され、その上澄水は処理水として放流される。沈殿した活性汚泥のうち、処理に必要な量は返送汚泥として反応槽に返送され、残りは余剰汚泥として別途処理される（**図5.1**）。

曝気方式

活性汚泥を最適条件に維持管理するためには、反応槽での撹拌は、活性汚泥によるフロックが過度にせん断されず、かつ沈殿しない程度にする必要がある。また、反応槽での溶存酸素濃度は、活性汚泥が活動するのに必要な濃度（1～2mg/L）以上になるように、活性汚泥の酸素利用速度よりも大きい速度で酸素を供給する必要がある。この酸素供給は主に空気中の酸素を利用する方法がとられ、空気曝気式の散気方式や機械撹拌方式などがある（**図5.2**）。

設計基準

活性汚泥法の設計基準や運転指標の主なものには下記がある（**表5.1**）。

①BOD-SS負荷：反応槽内において活性汚泥は下水中の有機物を栄養物として摂取して増殖し、下水中の有機物は酸化分解され、排水は浄化される。活性汚泥法では、排水中の有機物除去能をBOD-SS負荷量（BODkg／反応槽MLSSkg／日）で示す。

②水理学的滞留時間（HRT：Hydraulic Retention Time）：反応槽内で流入排水が滞留する時間を示す。下水の場合は通常6～8時間を基準としている。

③汚泥滞留時間（SRT：Sludge Retention Time）：設備内（反応槽、沈殿池など）で汚泥が滞留する時間を示す。設備内の汚泥量を、1日あたりに引き抜く余剰汚泥量によって割ることで求められる。SRTが長くなると汚泥が古くなり、活性が低下したり沈降性が悪化する。

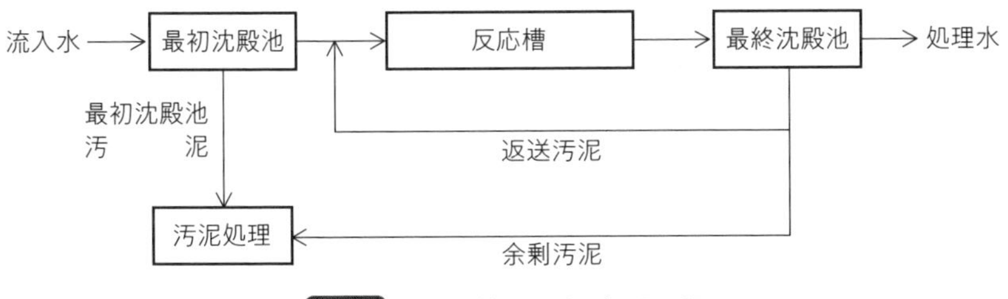

図 5.1 標準活性汚泥法の処理工程

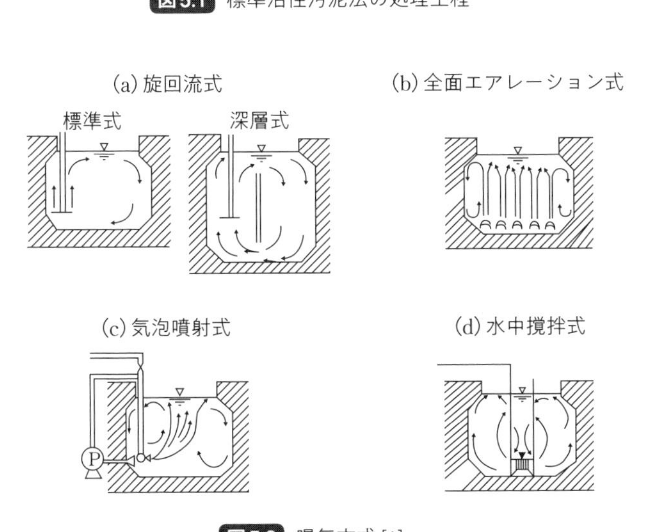

図 5.2 曝気方式 [1]

表 5.1 設計標準 [2]

MLSS	BOD-SS負荷	HRT	SRT
mg/L	BODkg/MLSSkg/日	時間	日
1,500～2,000	0.2～0.4	6～8	3～6

用語解説

原生動物▸単細胞動物の総称で外側の皮質部にべん毛やせん毛を持ち、自由に動くものもいる。活性汚泥中によく存在し、反応槽管理の指標でもある。

MLSS (Mixed Liquor Suspended Solids)▸反応槽内で浮遊している固形物（主に微生物の集まり）を示し、単位容量〔m^3〕当たりの固形物量〔g〕で表す。

5.2 生物膜法

活性汚泥法と生物膜法は、浄化プロセスの主体である微生物群の繁殖場所の違いにより分類される。

活性汚泥法は、生物群自体がフロックを作って水中に浮遊しているのに対して、生物膜法は、生物群が支持体（接触材など）に付着している状態で浄化する方式である。したがって生物膜法では、微生物はシステム内を移動しない。

装置の構造

生物膜法の代表的な装置には、散水ろ床装置、接触曝気装置、回転円板装置などがある。

①散水ろ床装置：散水ろ床はろ材（砕石など）を充填したろ床に排水を散布し、ろ材表面の生物膜と接触させることにより排水を処理する装置である。この装置は、負荷変動に強く、建設費や維持管理費が安い反面、簡易な浄化法で有機物の除去効率が低く、ろ床ばえの発生や臭気などの衛生面の問題があった。近年、樹脂担体のろ材で除去効率を向上させ、標準活性汚泥法よりも高い処理性能を示し、衛生面の問題についても担体の洗浄、反応槽の密閉などで対策を図った技術が開発されている。

②接触曝気装置：接触曝気装置は、接触材を水中に浸漬させ、その表面または固体間の空隙部に、生物膜または生物塊を定着させて、それらと排水とを接触させて、生物学的浄化を図る機構である。槽内に接触材を固定し、槽内の曝気装置により接触材に付着した微生物に酸素（空気）を送り浄化する（**図5.3**）。

③回転円板装置：回転円板装置の基本形は本体の中心軸に多数の軽量で強固な構造の円板体を固定したもので、半円筒形状の接触反応槽に円板表面積の約40％を浸漬させ、駆動装置により周速18m／分程度で低速回転させる。ただし、高濃度排水処理や硝化処理では、これ以上の周速で回転させたほうが浄化率を向上できる場合もある。この装置は1軸1段が基本となるが、各円板体の負荷を均等化するために、同じ構造の円板体を直列多段に配列することもある（**図5.4**）。

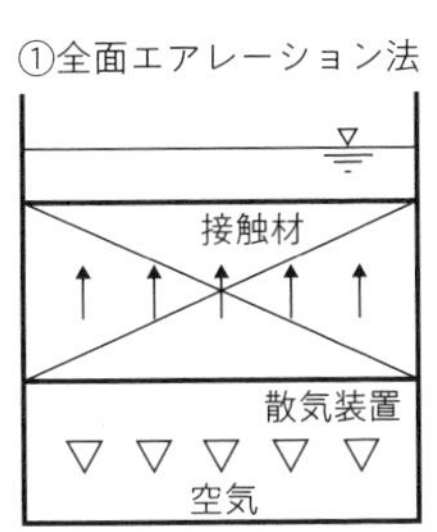

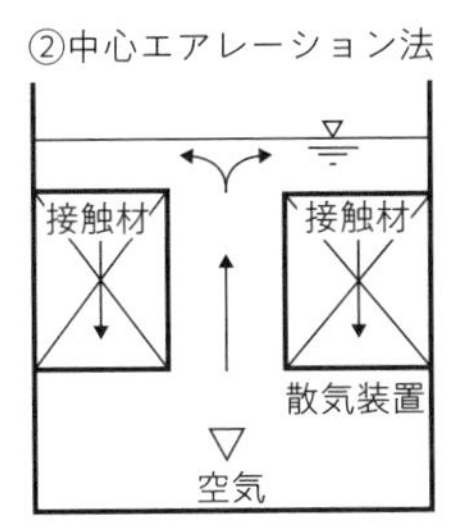

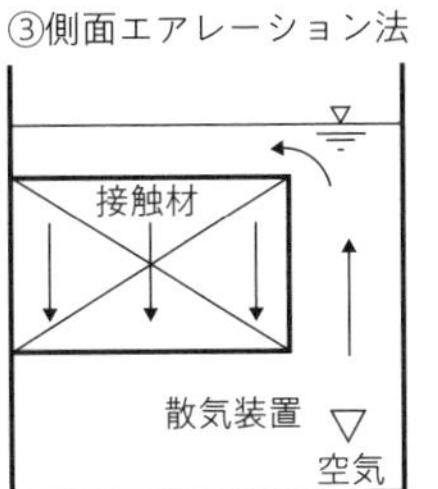

図5.3 接触曝気装置の構造図［3］

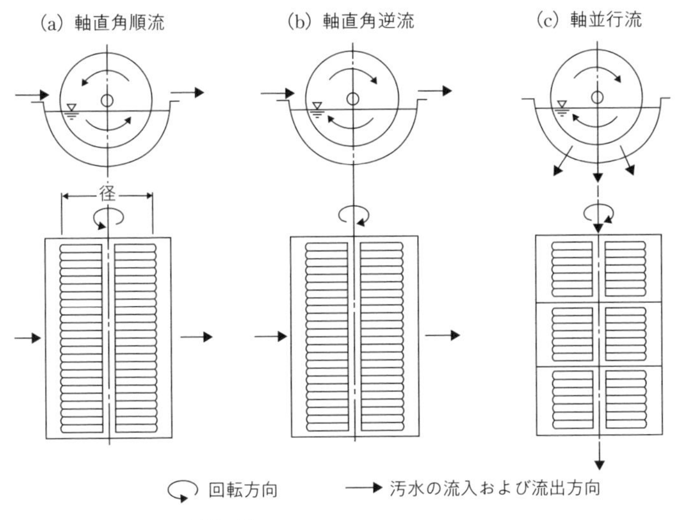

図5.4 回転円板装置の構造図［4］

5.3 担体法

浄化の機構

排水の生物学的処理法は、微生物の働きを利用するものである。処理時間の短縮や処理水質の高度化のためには、反応槽内の微生物濃度を高めることと、汚泥滞留時間を増大させて、浄化能力を持っている汚泥（微生物）を反応槽内に多く保持することが必要である。

担体法は、包括固定化法や結合固定化法を用いて、反応槽内における微生物の高濃度化による汚泥滞留時間の増大化を図る方式である。循環式硝化脱窒法の好気タンクに担体を投入した場合のフローを**図5.5**に示す。

担体法の方式

担体法は、微生物の固定化方法の違いにより包括固定化法と結合固定化法の二つに分類される（**図5.6**）。

①包括固定化法：微生物を**ゲル**の微細な格子構造内に包括する方法。

包括の方法は、高分子ゲルの細かい格子の中に微生物を取り組む格子型と、半透膜の高分子皮膜により微生物を包み込むカプセル型に分けることができる。排水処理においては、このうち流動、撹拌条件を考え、格子型が先行して使用されてきたが、PVAやPEGなどの強固なゲルを用いたカプセル型も使用されている。

②結合固定化法：水に不溶性の担体に微生物を付着させる方法。

排水処理の分野で用いられる結合固定化法は、そのほとんどが担体表面または細孔中に自然発生的に付着する微生物を利用して固定化を行うものである。担体はスポンジ状のものや、不織布や樹脂を筒状に整形したものなどがあり、反応槽内で流動させる。また、担体をフレームに固定した手法もある。

固定化された微生物は、反応槽内から流出しないので、返送汚泥なしでも長期間有機物を分解し続けることが可能となる。

担体の種類

固定化の担体は、合成高分子と天然高分子に分かれ、合成高分子の場合は、天然高分子に比べて、担体としての素材が多いので、現在は合成高分子が多く使用されている。

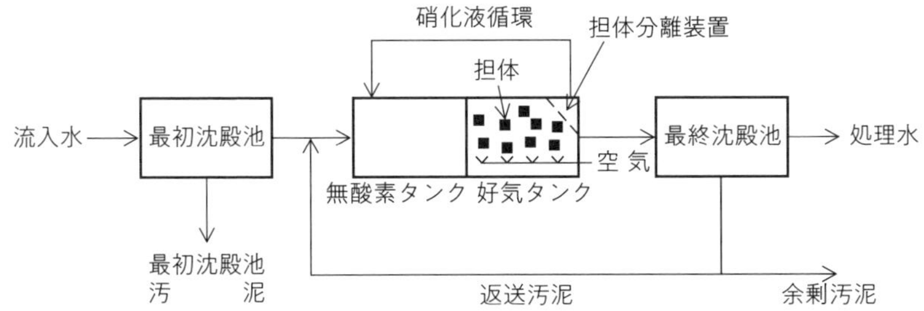

図5.5 固定化担体法を用いた生物学的窒素除去システムのフロー例 [5]

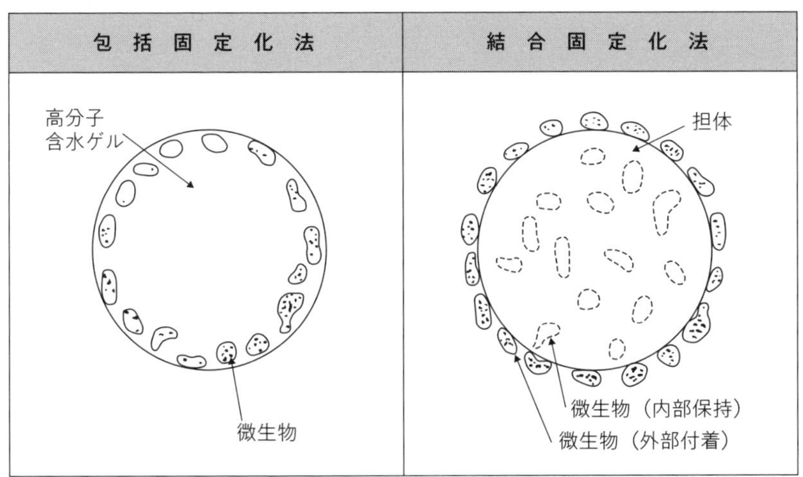

図5.6 固定化技術の分類図 [5]

用語解説

ゲル ▸ 寒天やゼラチンなどの状態で、多量の水を含んだ液体状であるが、内部には空隙を多く含んだもので、外形を保つ支持構造を持った状態。

PVA ▸ ポリビニルアルコールの略称である。無色の粉末で水によく溶ける。接着剤、分散剤、水溶性フィルムに用いる。

PEG ▸ ポリエチレングリコールの略称である。ワックス状で接着剤、洗剤に用いる。

5.4 嫌気性処理法

浄化の機構

嫌気性処理法では、有機物質が嫌気性条件下でメタン（CH_4）や二酸化炭素（CO_2）を含む種々の最終生成物にまで生物学的に分解される。この処理法は、酸素を嫌う細菌を利用するため、空気が入らないように密閉反応槽を用いる。有機物質の生物学的分解は大別して二つの段階で行われる。第一段階（加水分解・酸発酵）では、固形の高分子化合物が加水分解により低分子化・可溶化し、酸発酵により低級脂肪酸などへ分解される。第二段階（メタン発酵）では、低級脂肪酸が水素や酢酸を経て最終生成物（主としてメタンと二酸化炭素）へ分解される（**図5.7**）。ガスエンジンなどに利用可能なメタンガスの回収は、嫌気性処理法の重要な利点である。

従来は下水汚泥や高有機物濃度産業廃水などの処理として多用されてきたが、近年ではさらに、生ごみやし尿の余剰汚泥からメタンガスを回収し、残存した汚泥は堆肥化して土壌に還元する循環型社会を目指した処理システムの主要な処理法としても採用されるようになった。

嫌気性処理法の方式

①嫌気性消化法：消化槽の内容物は加温され、完全混合される。消化に必要な滞留時間は、通常15～30日である。下水では従来、二段消化法が採用されていたが、近年は消化槽一基による一段消化法に変わりつつある（**図5.8**）。

②**UASB法**：排水を反応槽の底から流入させる。その排水は生物学的に形成された粒状（グラニュール）の汚泥床を通過して上方に流れていく。遊離ガスおよび汚泥より離脱されたガスは、反応槽の頂部に設置されたガス捕集用蓋中に捕集される。分離された固形物は沈降し汚泥床の表面に戻る（**図5.9**）。

③嫌気性ろ床法：排水中の有機物処理に用いられる種々のタイプの固形性ろ材が充填された反応槽である。排水は、表面に嫌気性細菌が増殖し、保持されたろ材と接触しながら反応槽を上方に流れていく。

④流動床法：排水は、表面に微生物が付着増殖した砂などの流動床中を上方に流れる。流出水の一部は、流入排水を希釈し、ろ床を膨潤状態に維持するのに適切な流量を与えるために循環される。大量の微生物が維持されるので、非常に短い滞留時間で排水の処理が可能である。

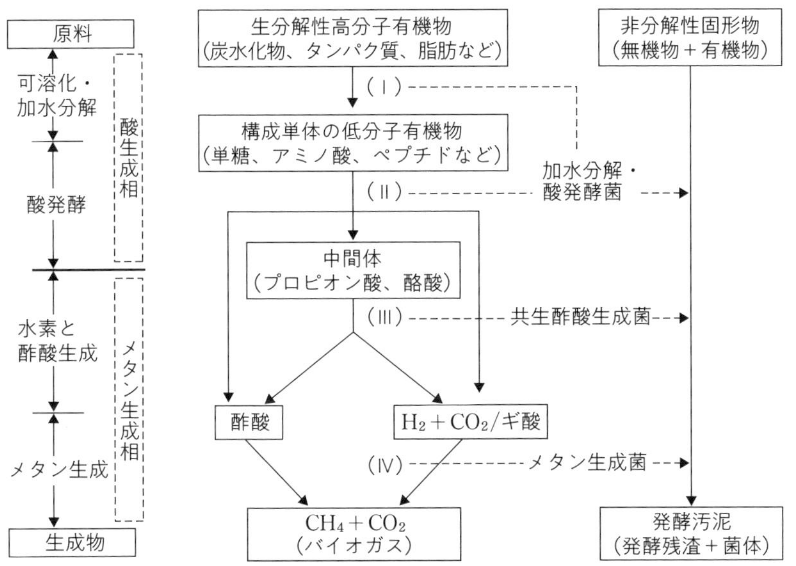

図5.7 嫌気性消化における炭素の流れの模式図 [6]

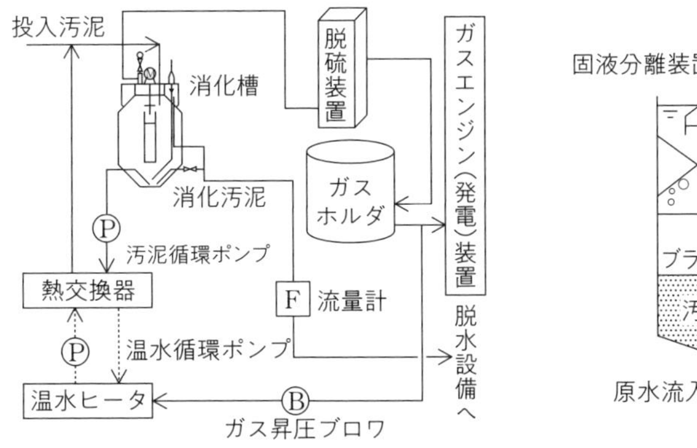

図5.8 嫌気性汚泥消化（一段消化法）

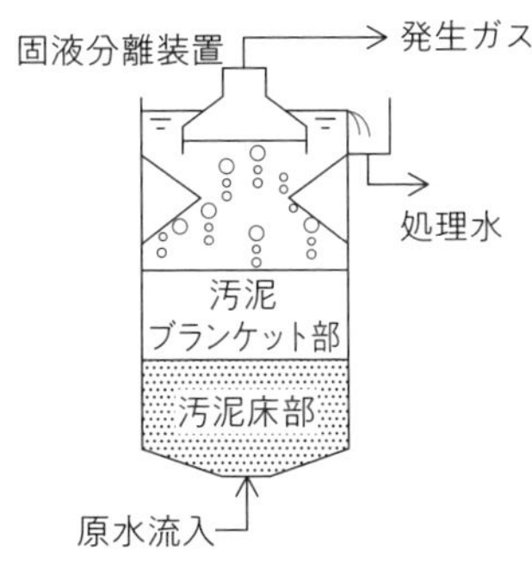

図5.9 嫌気性汚泥消化（UASB法）

用語解説

UASB法 ▸ Up - flow Anaerobic Sludge Blanket process（上向流嫌気性汚泥床法）の略。汚泥を粒状（グラニュール）化して高濃度の生物を保持できる。

5.5 生物学的硝化脱窒法

下水や排水、し尿などの窒素除去プロセスには多くの方法があるが、それらのうちで生物学的硝化脱窒法は、処理効果並びにその安定性、さらには経済性などを総合的に考慮して、有力なプロセスであると考えられている。このプロセスは、好気性処理である硝化と、嫌気性処理である脱窒を組み合わせたもので、生物反応を利用して窒素除去を行う。

生物学的硝化脱窒法の原理

無機性窒素と排水中の炭素源を酸化して細胞合成のエネルギーを得るもので、独立栄養細菌であるアンモニア酸化細菌（Nitrosomonasなど）および亜硝酸酸化細菌（Nitrobacterなど）の作用によって、次のように二段階の酸化作用が起こり、アンモニア性窒素が硝酸性窒素に変換される。

$$\left.\begin{array}{ll}\text{Nitrosomonas}: & NH_4^+ + 1.5O_2 \rightarrow NO_2^- + H_2O + 2H^+ \\ \text{Nitrobacter}: & NO_2^- + 0.5O_2 \rightarrow NO_3^-\end{array}\right\} \quad \cdots\cdots\cdots\cdots (1)$$

したがって、総括反応式は、$NH_4^+ + 2O_2 \rightarrow NO_3^- + H_2O + 2H^+$ …（2）

（2）式より1gのアンモニア性窒素を酸化するには、4.57gの酸素を要する。

また、硝化反応では硝酸が増加して、排水のpHが低下するため、通常、アルカリ剤（苛性ソーダなど）を好気タンクに注入する必要がある。

次に、無酸素状態で**通性嫌気性細菌**である脱窒細菌により、主に硝酸性窒素は無害の窒素ガスに変換される。

$$\text{脱窒細菌}: 2NO_3^- + 10H \rightarrow N_2 + 2OH^- + 4H_2O \quad \cdots\cdots\cdots\cdots\cdots\cdots (3)$$

（3）式より硝酸を窒素ガスに変換するためには水素源が必要である。大部分の水素源は、排水中の有機物から利用するが、不足する場合は取り扱いや経済性からメタノールを無酸素タンクに注入する場合もある。

生物学的硝化脱窒法の代表例として、循環式硝化脱窒法（**図5.10**）やステップ流入式硝化脱窒法（**図5.11**）がある。

ステップ流入式硝化脱窒法は、無酸素タンクと好気タンクを複数段直列に配置して流入水を各無酸素タンクに均等にステップ流入させる。ステップ流入させることで、循環式硝化脱窒法において硝化液循環量を増やすのと同じ効果が得られ、硝化液を循環することなく高い窒素除去率を得ることができる。また反応タンク全体の菌体保持量も増やせるため、反応タンク容量を小さくすることができる。

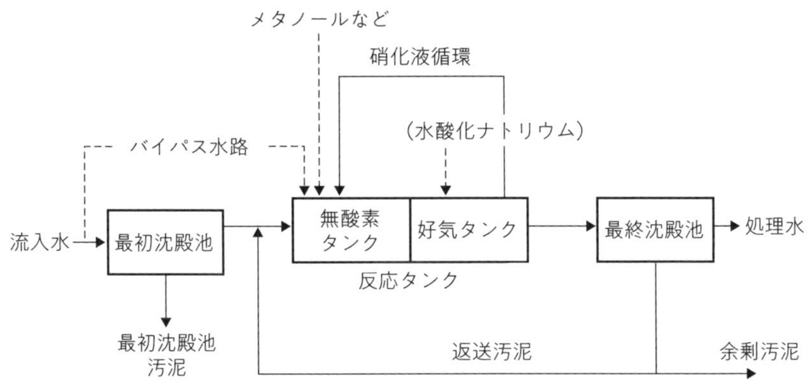

図5.10 循環式硝化脱窒法のフロー[7]

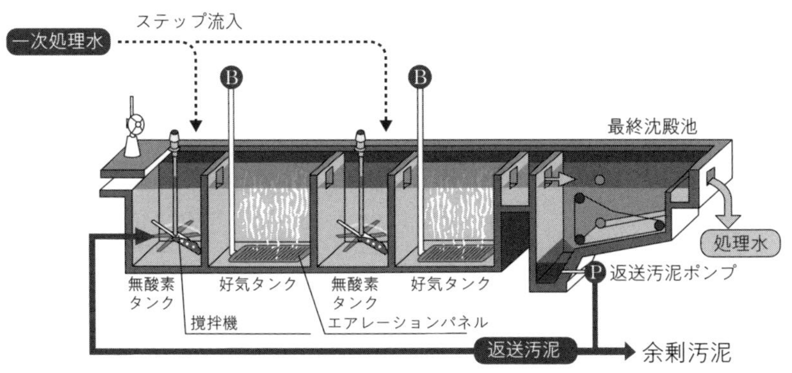

図5.11 ステップ流入式硝化脱窒法のフロー

用語解説

通性嫌気性細菌▶酸素が存在する場合には酸素呼吸も行うが、無酸素状態でも何らかの発酵あるいはその他のエネルギー獲得反応によって増殖できる菌。

5.6 生物学的脱リン法

生物脱リン法の原理

リンを過剰摂取する能力を持つ微生物を含む活性汚泥を嫌気状態に置くと、活性汚泥微生物から排水中に正リン酸態リン（溶解性PO_4-P）が放出され、液中の溶解性PO_4-P濃度は増加する。この状態を一定時間継続した後、活性汚泥を好気状態に置くと、活性汚泥微生物は逆に排水中に放出した量以上の溶解性PO_4-Pを菌体内に摂取する。これを活性汚泥微生物によるリンの過剰摂取現象という。

この結果、液中の溶解性PO_4-P濃度は流入水中の濃度以下まで減少し、最終的には、ほぼ1mg/L以下の濃度にまで低下可能である。この状態で固液分離を行えば、リン濃度の低い上澄水を得ることができる。

嫌気・好気活性汚泥法

生物脱リンの原理を利用した代表的方式である嫌気・好気活性汚泥法のフローを**図5.12**に示す。

嫌気・好気活性汚泥法は、標準活性汚泥法と同等の有機物（BOD）除去ができる。一般的な都市下水を処理した場合、80％程度のリン（T-P）除去率が期待できる。

窒素・リン同時除去方式

嫌気・無酸素・好気法は、生物学的リン除去プロセスと生物学的窒素除去プロセスを組み合わせた処理法で、活性汚泥微生物によるリンの過剰摂取現象および硝化脱窒反応を利用するものである。この方式は、循環式硝化脱窒法と嫌気・好気活性汚泥法とを組み合せた方式で、一般的にA_2O法と呼ばれている。本法の基本的なフローを**図5.13**に示す。

反応タンクを嫌気タンク、無酸素タンク、好気タンクの順に配置し、流入水と返送汚泥を嫌気タンクに流入させる一方、好気タンク混合液を無酸素タンクへ循環するプロセスである。

大都市の合流式下水処理場の高度処理（主に窒素、リンの処理）では、雨天時に下水中の有機物濃度が小さくなるため、嫌気槽でのリン放出および好気槽でのリンの摂取が少なくなる。このため、雨天時には安定したリン除去を行うために凝集剤（PAC）を併用した運転がされている。一方、窒素の除去については適切な窒素負荷を設定すれば安定した除去が可能である。

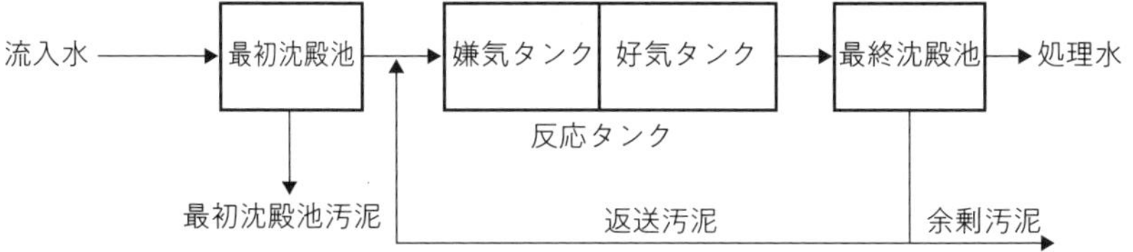

図5.12 嫌気・好気活性汚泥法のフロー[8]

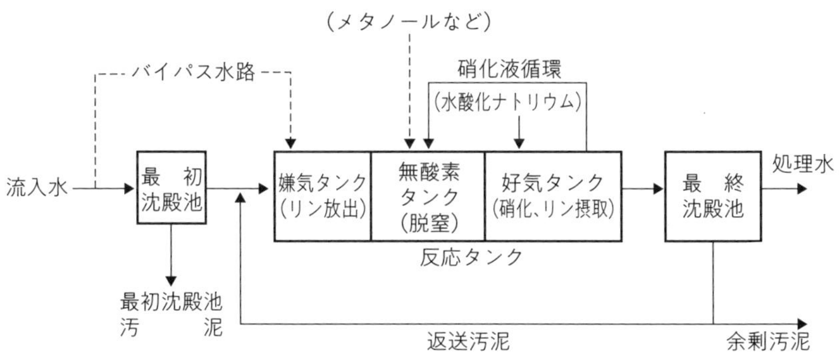

図5.13 嫌気・無酸素・好気法のフロー[9]

5.7 アナモックス法

アナモックス アナモックスとは、嫌気条件下におけるアンモニア酸化（anaerobic ammonium oxidation）を表す略称であり、独立栄養細菌であるアナモックス細菌による代謝反応である。本反応は、従来の硝化－脱窒とは全く異なる代謝経路を有するもので（**図5.14**）、次式に示すように嫌気条件下で独立栄養的に（有機物の添加を必要とせずに）アンモニア性窒素と亜硝酸性窒素を窒素ガスへと変換する。

$$1NH_4^+ + 1.32NO_2^- + 0.066HCO_3^- + 0.13H^+$$
$$\rightarrow 1.02N_2 + 0.26NO_3^- + 0.066CH_2O_{0.5}N_{0.15} + 2.03H_2O \quad \cdots\cdots\cdots\cdots\cdots (1)$$

窒素成分を含む排水の多くはアンモニア性窒素を主体とするものがほとんどであるため、本反応を排水からの窒素除去に適用する場合は、アンモニア性窒素を亜硝酸性窒素に変換することが必要となる。この亜硝酸化反応とアナモックス反応を組み合わせた処理方法は、一般的にアナモックス（嫌気性アンモニア酸化）法やアナモックスプロセスと呼ばれ、**図5.15**のようにそれぞれの工程に分けた方法や、アナモックス細菌の外側にアンモニア酸化細菌が生育するような状況をつくって一工程で処理する方法など、さまざまな方式が開発されている。

特徴 アナモックス法を利用すれば、従来の生物学的硝化脱窒法と比較して、次のような効果が得られる。

①曝気動力の削減：亜硝酸化工程では排水中のアンモニア性窒素の約半量を亜硝酸性窒素に変換すればよいため、曝気動力を半分以下に削減できる。

②薬品添加量の削減：アナモックス細菌は独立栄養細菌であるため、メタノールなどの脱窒用有機物の添加が不要である。

③汚泥発生量の削減：アナモックス細菌は菌体収率が小さいため、余剰汚泥の発生量が非常に少ない。

④処理設備の縮小：脱窒速度が非常に速いため、高負荷処理が可能となり槽容量を縮小できる。

本プロセスは、アンモニア性窒素濃度が高く、有機物濃度が低い排水に適していることから、下水処理場の消化汚泥脱水ろ液や産業排水などの窒素除去を目的に、国内外の施設に導入されている。

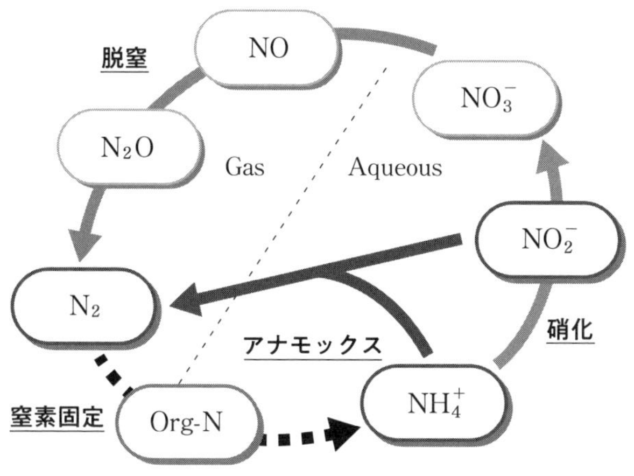

図5.14 生物反応による窒素代謝経路

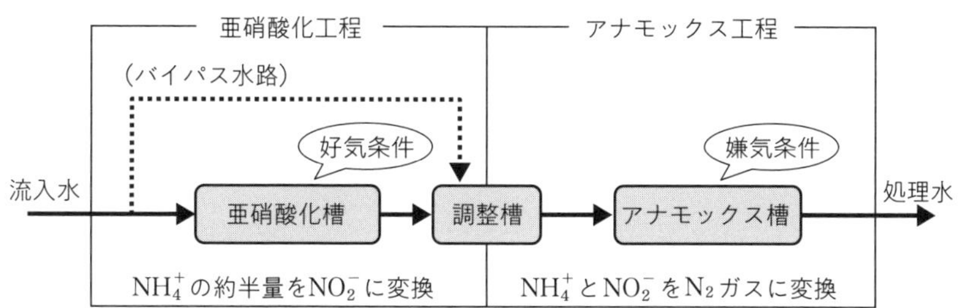

図5.15 アナモックス法の処理フロー例

第6章

有害物質の除害処理
～環境汚染のセーフガード～

6.1 除害施設の概要

下水処理場における処理方法は微生物の活動による有機物の除去を主体とするものであり、重金属類や毒性の高い物質を含む汚水は処理できない。このような汚水が下水へ流入すると、下水の放流水基準を満足できなくなって環境汚染へつながる恐れがあるため、下水道への流入水の基準を満足するよう工場など個々の発生源において事前の処理を行う施設（除害施設）を設置する必要がある。対象となる水質項目は、第9章の9.5節に記載のとおりであり、重金属、農薬、有機塩素化合物などの水質汚濁防止法における有害物質をはじめ、ダイオキシン類や栄養塩類（窒素、リン）、油分（ノルマルヘキサン抽出物質）などが定められている。

重金属では、カドミウム、鉛、六価クロムおよび水銀がある。カドミウムは**イタイイタイ病**の元凶となったものであり、中枢神経や筋肉を麻痺させ、腎臓障害、骨軟化症を引き起こす。鉛は体内に蓄積して中毒症状が発現し、六価クロムは腎臓障害の原因となり、発ガン性があるといわれている。また、水銀は**水俣病**の原因物質であり、特に有機水銀（アルキル水銀）は毒性が高い。有機水銀は、水銀が工業的に使用されることがなくなるにつれて、人為的に生成されることはなくなったが、無機水銀があると自然界で有機水銀に変化するため、アルキル水銀およびアルキル水銀化合物を含めた総水銀として規制されている。

農薬は、有機リン化合物、チウラム、シマジン、チオベンカルブなどである。有機塩素化合物は広い分野で脱脂剤、洗浄剤などに使用されているが、毒性が高く、中枢神経異常、筋肉麻痺、麻酔効果、呼吸緩慢などの作用がある。これらは土壌に浸透し、地下水を汚染する。その他のものとしては、猛毒の代表のように考えられているシアン（青酸）、非常に強い毒性を持つ無水亜ヒ酸を形成するヒ素、**カネミ油症事件**で社会問題となったPCB（Poly Chlorinated Biphenyl：ポリ塩化ビフェニル）、発ガン性のあるベンゼン、猛毒のセレン、ダイオキシン類などがある。

また、公共用水域の富栄養化の要因である栄養塩類の窒素、リンも対象となっている。

本章ではこれら除害施設設置の対象となっている物質のうち、重金属類、シアン、農薬、有機塩素化合物・ベンゼン、栄養塩類の処理技術などについて記述する。

用語解説

イタイイタイ病▶1955年富山県神通川流域で、体を動かすだけで骨が折れる原因不明の奇病が発生。病名は患者がイタイイタイと悲鳴を上げたことによる。神通川上流の鉱山排水中のカドミウムが原因。

水俣病▶1956年に熊本県水俣湾周辺、1965年に新潟県阿賀野川流域で発生。工場排水中のメチル水銀が魚介類に蓄積し、魚介類を摂取したことが原因。神経が侵され、手足の感覚障害と運動失調、口・目・耳への障害が現れる。

カネミ油症事件▶1968年熱媒体に使用していたPCB（Poly Chlorinated Biphenyl：ポリ塩化ビフェニル）が漏れて食品に混入し、油症患者が発生した事件。これによりPCBの毒性が問題となり、PCBは人体に対し皮膚障害、肝臓障害を引き起こす毒性を持つことがわかった。

6.2 カドミウム・鉛廃水の処理

カドミウムは体内に摂取されても、その大部分は排泄されるが、摂取量が多いと体内に蓄積して悪影響を及ぼす。鉛は、体内に蓄積して中毒を起こすので、鉛毒として昔からその毒性が知られている。

排出源

カドミウムや鉛を含む可能性があるのは、鉱山、非鉄金属精錬業、メッキ工業、化学工業、電子部品・機械部品製造工業、その他から排出される廃水である。廃水中に含まれているカドミウムや鉛を処理する場合、これらを水に溶けない固形物にして沈殿除去する凝集沈殿法（**図6.1**）と、水に溶けているものをイオン交換樹脂で除去する吸着法がある。

凝集沈殿法

カドミウムは、アルカリ性では水に溶けない固形物となるため、これを沈殿させ、固形分を分離することで除去ができる。鉛も同様に除去できるが、強アルカリでは再び水に溶け出すため、pHを最適な条件に管理することが必要である（**図6.2**）。またカドミウムや鉛は、**硫化物**が共存すると同様に水に溶けない固形物となるため、硫化物を添加して固形化させ、分離除去することも行われている。

沈殿物として分離したカドミウムや鉛は、そのまま廃棄すると再び溶解して環境汚染を引き起こす可能性がある。このため、キレート剤を加えるなどしてこれらが再溶解しないようにした後、セメントやアスファルトを混入して固化するなどの再処理が行われ、重金属類が溶出しないことを確認して、廃棄される。なお、これとは別に、沈殿物から重金属類を資源として回収する方法も検討されている。

吸着法

イオン交換樹脂とは、水中のイオンを交換吸着するもので、陽イオンを分離するときには陽イオン交換樹脂が、陰イオンを分離するときには陰イオン交換樹脂が利用される。カドミウムや鉛は、水中で陽イオンとして存在しているため、陽イオン交換樹脂を用いる。

イオン交換樹脂は高価であり、再生して利用されることが多い。再生の際の薬剤費も高価なため、イオン交換樹脂は有価金属を回収する場合や、他に安価な処理法がない場合に適用される。特に処理水にカドミウムや鉛と同様の性質を持つイオンが存在する場合、カドミウムや鉛が除去されなくなったり、回収コストが高くなったりする。イオン交換法は、これらの吸着を阻害するイオンが少なく、除去対象とするものの濃度が低く、処理量が多いときに有利となる[1]。

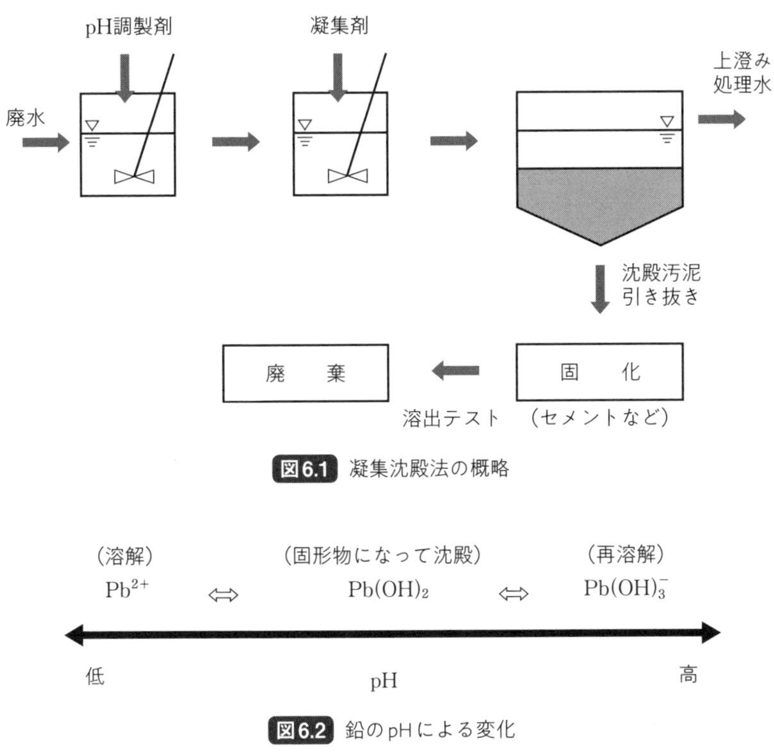

図6.1 凝集沈殿法の概略

図6.2 鉛のpHによる変化

用語解説

硫化物▸硫黄化合物のうち、硫黄が−2価の状態（S^{2-}）になっているもの。特に金属類の硫化物はほとんど水に溶けないことが多く、金属類の除去に用いられる。

6.3 六価クロム廃水の処理

クロムは通常、三価もしくは六価として自然界に存在する。三価クロムは毒性が比較的弱いのに対し、六価クロムは非常に毒性が強い。しかし、三価クロムは六価クロムに変化することもあるため、六価クロムは**有害物質**として、三価クロムはその他の項目として排出が規制されている。

排出源　クロムは各種金属製品の表面処理に使用されるため、電子部品・機械部品、自動車用鋼板・ステンレス鋼板製造業からの廃水中に含まれる可能性がある。皮革工場でもクロムなめしに使用されていることがあるが、この場合は、ほとんど三価クロムになっているので、有害物質として六価クロムが問題になることは少ない。

凝集沈殿法　六価クロムはカドミウムや鉛とは異なり、酸性でもアルカリ性でも固形物を形成しない。これに対し、三価クロムはアルカリ性で固形物を形成して沈殿する。また、六価クロムは容易に三価クロムに変化するため、六価クロムを三価クロムに変化させてからアルカリ性にして固形化し、固形物を分離除去することで六価クロムを処理できる。

なお、六価クロムを三価クロムに変化させる方法には、亜硫酸塩や硫酸鉄のような薬剤を添加する方法と、電解処理を行う方法がある。薬剤を添加する場合、過剰に添加すると生成した固形物が沈殿しにくくなるため、薬剤の添加量を制御することが必要である。また分離した固形物は、カドミウムや鉛の場合と同じく、そのまま廃棄すると再び溶解して環境汚染を引き起こす可能性がある。このため固形物は再処理が行われ、溶出しないことを確認した後に廃棄される。

吸着・イオン交換法　六価クロムは活性炭に吸着されるため、これを用いた除去が可能である。ただし、pHが弱酸性のときに吸着能力が高くなるため、pHを制御するほうが効果の高い処理ができる。活性炭による処理は、六価クロムを**検出限界**以下まで低下させることも可能である。

またクロムの除去には、イオン交換樹脂も適用される。クロムは、クロム酸として存在することが多く、通常陰イオンであるため陰イオン交換樹脂によって完全に除去することもできる。しかし、クロムを含む廃水を処理する場合、イオン交換法は再生廃水の処理が必要であり、イオン交換樹脂・再生用の薬剤の費用を考慮すれば処理費用は高くなる。このため、処理量の多い場合には適さず、廃水中のクロム濃度が低く、処理量が少ない場合の処理に適用される [2]。

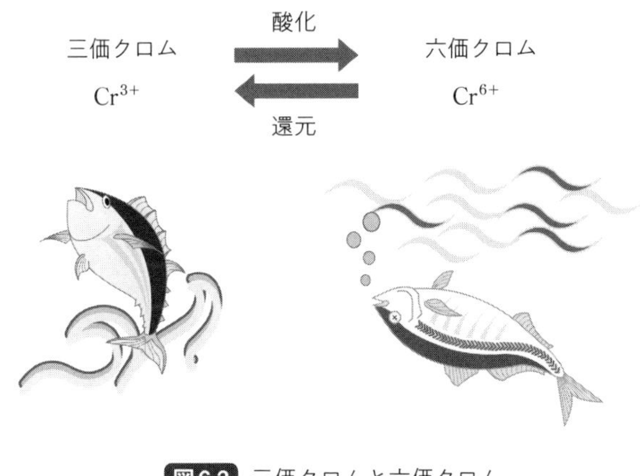

図6.3 三価クロムと六価クロム

用語解説

有害物質▸水質汚濁防止法では、排水基準を有害物質とその他の項目に分けて設定している。有害物質は、人の健康に係る被害を生ずる恐れがある物質として、重金属類、農薬類等が政令で定められている。また、その他の項目は生活環境に係る被害を生ずる恐れがある程度のものとして政令で定められている。

検出限界▸分析を行う場合に、その濃度を検出できる最低濃度を指す。したがって、検出限界以下とは、分析を行っても目的の化合物が検出できない状態を示している。

6.4 水銀廃水の処理

水銀は、常温で唯一、液体として存在する金属である。金属水銀そのものはそれほど毒性はないが、有機水銀は非常に毒性が強い。無機水銀は、自然界で有機水銀に変換されることもある。さらに、有機水銀は生物体内で蓄積・濃縮されるために、食物連鎖によって人間に害を及ぼす。このようなことから、有害物質としては、水銀およびアルキル水銀その他の水銀化合物としての水銀総量の規制、およびアルキル水銀化合物としての規制という2本立てで行われている。

排出源 水銀は、1960年代まではさまざまな用途で使用されていたが、1970年代以降は製品の製造中止や製造法の転換によって使用量は減少し、その後乾電池も水銀を含まないものに転換されたために、現在では水銀を含む廃水は少なくなっている。ごみ焼却場の廃水は、家庭ごみに混入した乾電池に由来する水銀を含む可能性があるが、前述のように水銀を含む乾電池が製造中止になっていることから、現在はごみ焼却場の廃水の水銀濃度も低くなっている。

凝集沈殿法 カドミウムや鉛が硫化物によって固形物を形成するのと同様に、水銀も硫化物の共存によって非常に水に溶けにくい固形物を形成する。この固形物を沈殿分離することによって水銀を除去することができる。

ただし、この方法は無機水銀を対象とするものであり、有機水銀の処理には適用できない。有機水銀を処理する場合には、塩素などを加えて有機水銀を酸化して無機水銀とした後、硫化物を加える凝集沈殿法により除去する方法が行われる。なお、水銀などの排水基準が非常に厳しいものに対しては、凝集沈殿法だけでは排水基準値以下にまで処理することは困難なことが多く、その場合には吸着法を併用することが多い。

吸着法 吸着法としては、活性炭によるものと**キレート樹脂**によるものがある。活性炭は有機水銀の除去方法として有効である。キレート樹脂は、水銀用に開発されたキレート樹脂が市販されており、排出基準以下まで水銀濃度を低下させることができる。これら吸着剤による処理を行う場合、まずろ過を行って固形分を除去し、pHを調整、塩素を添加して水銀を無機化し、吸着材に廃水を通過させて処理を行う。

使用済みの吸着剤は再生が難しいので、専門の業者により燃焼炉で600～800℃で加熱、水銀は金属水銀として回収される[3]。

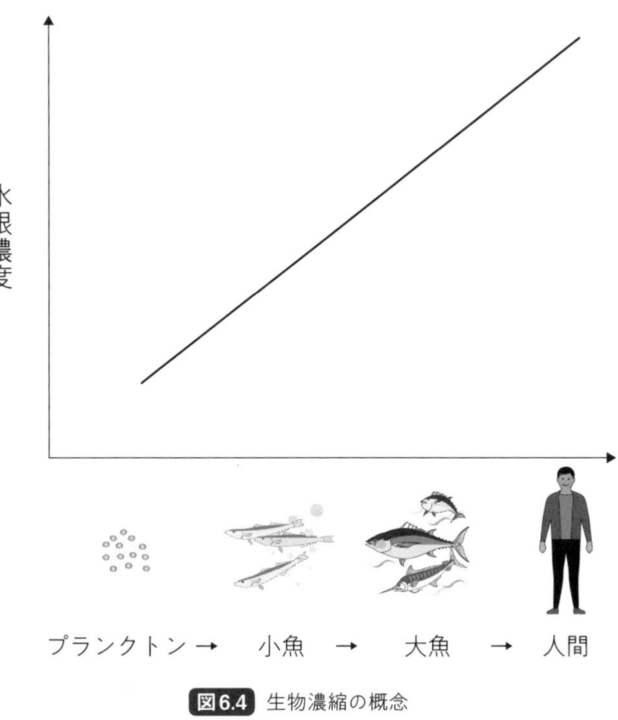

図6.4 生物濃縮の概念

用語解説

キレート樹脂▸キレート結合で特定のイオンを強く選択吸着する樹脂のこと。イオン交換樹脂の一種である。キレートとは1個の分子もしくは2個以上の配位原子が、金属イオンをはさむようにして配位してできた環構造のことをいい、ギリシヤ語の“カニのはさみ”に由来する。

6.5 シアン廃水の処理

シアンは青酸カリに代表されるように、非常に有毒な物質である。シアンとは、金属のシアン化物、シアン錯塩、ハロゲン化シアン、ニトリルなどの総称である。シアンは有害物質のうちでは処理が容易で、比較的簡単に分解できる。

排出源 シアン含有廃水を排出する可能性があるのは、メッキ工場、選鉱精錬所、鉄鋼熱処理工場、コークス製造工場などである。メッキ工場の廃水には、一般に重金属類も同時に含まれることが多い。

酸化法 シアンは酸化分解されやすい性質がある。このため、塩素系の酸化剤を用いるアルカリ塩素法、オゾンを用いるオゾン酸化法、電気分解の原理を利用した電解酸化法などが行われている。アルカリ塩素法は広く採用されている方法であり、アルカリ性で塩素を添加し、その後中性にし、さらに塩素を添加する方法である。塩素によりシアンは分解されて無害となる。使用される塩素は、次亜塩素酸ソーダが一般的であるが、さらし粉などを利用する場合もある。なお塩素を加えると、毒性を有する**トリハロメタン**が発生する可能性がある。

オゾン酸化法も効果が高く、特に廃水中に銅やマンガンが存在すると、それが触媒となってさらに効果が高くなる。またトリハロメタンなどの有害な反応副生成物が発生しない点で優れているが、処理費用が高くなる。電解酸化法は、廃水中に電極を浸漬して電圧をかけて電気分解を行うもので、シアン濃度の高い廃水の処理に適用される。

紺青法（こんじょうほう） シアン廃水中に鉄、ニッケル、コバルトなどが含まれると安定な**錯体**を形成し、酸化されにくくなる。この場合に、鉄を過剰に存在させれば水に溶けない青色の固形物を形成する。この固形物を沈殿分離することによって、シアンを除去できる。

その他 その他、酸分解燃焼法、湿式加熱分解法、吸着法、生物処理法などがある。シアンは酸性では**揮発**しやすいので、酸性にして**曝気**により追い出し、発生したガスを900℃以上で燃焼させて分解するのが酸分解燃焼法である（**図6.5**）。湿式加熱分解法は高温で廃水を処理するもので、シアン濃度の高い廃水の処理に適しているが、アンモニアとギ酸が生成するため、後処理が必要となる。また、シアンは活性炭や**活性アルミナ**による吸着でも除去することが可能であり、生物処理でも**馴養**(じゅんよう)さえすれば高効率で除去することが可能である[4]。

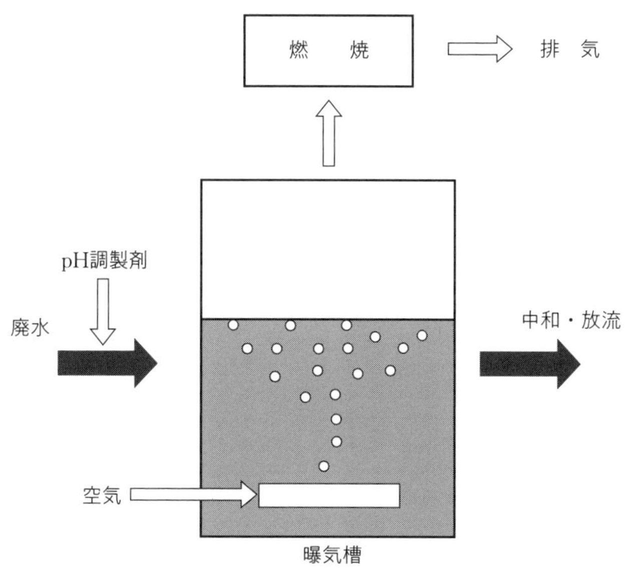

図6.5 酸分解燃焼法の概念図

用語解説

トリハロメタン ▸ メタン(CH_4)の三つの水素が塩素や臭素等に置換されたもので、水道水を塩素処理するときに原水に含まれた有機物と塩素が反応して生成される。一部に発ガン性のあるものが認められ厚生労働省で0.1mg/L以下の水質基準を設定している。

錯体 ▸ 中心となるイオンや原子に、異なるイオンや分子が配位し、安定化したもの。

揮発 ▸ 液体が常温で気化すること。溶液中に溶けているものが常温で気化する場合も揮発という。

曝気 ▸ 水中に空気を吹き込むこと。

活性アルミナ ▸ 吸着能力の高いアルミニウム酸化物の微粉末のこと。気体や液体から湿気や油の蒸気などを吸着除去するために用いられる。

馴養 ▸ 集積培養ともいわれ、分解対象物を含む廃水を、活性汚泥などの微生物群に添加し、徐々に微生物を自然淘汰させて分解対象物を分解する微生物を優先的に増殖させ、処理速度を速めること。

6.6 ヒ素・セレン廃水の処理

ヒ素そのものは、金属光沢のある灰色の固体だが、化学的にはリンに類似している非金属である。ヒ素自体の毒性は弱いが、その化合物である亜ヒ酸などは非常に毒性が強く、ねずみやシロアリの駆除剤として使用されたほどである。土壌中にヒ素が大量に存在する場合、そこに生育する植物は生育障害を受け、農作物に吸収された場合は、人の健康を損なう恐れのある農畜産物が生産される危険性もある。

セレンは、生体の微量必須元素で、体内で生成する有害な過酸化物の代謝に関与し、欠乏すると心筋障害が生じる。しかし、セレンを高濃度で摂取すると、中枢神経障害・皮膚炎・胃腸障害などを引き起こす。

排出源 ヒ素は鉱石中に含まれていることが多く、鉱山や精錬工場の廃水に含まれている場合がある。また、無機薬品製造、電子部品製造、ガラス製造業の廃水、地熱発電所の熱水や温泉水に含まれることもある。セレンは複写機など電子光学関係での用途が多く、セレン含有廃水としては銅の電解精錬所、顔料・農薬製造所の廃水、石炭火力発電やごみ焼却場の洗煙排水等が排出源となる可能性がある。ヒ素は廃水中ではヒ酸イオンもしくは亜ヒ酸イオンとして存在し、セレンはセレン酸イオンもしくは亜セレン酸イオンとして存在する場合が多い。

共沈法 共沈とは、化学的性質の似ているものが溶けている溶液において、ある物質を固形化させて沈殿させる際、単独であれば沈殿しないはずの別の物質が、目的とする物質と共に同時に沈殿する現象のことである。ヒ素やセレンを除去する場合、この原理を利用して鉄を加えて固形物を形成させ、共沈効果によって除去する方法が一般的である（**図6.6**）。さらに、ヒ素はカルシウム、マグネシウム、鉄、アルミニウム、亜鉛などの金属類と結び付いて水に溶けない固形物となるため、共沈法によって低濃度まで除去できる。

沈殿させるために用いる凝集剤としては、塩化第二鉄などの鉄塩を用いることが多い。他に一般的に用いられる凝集剤である硫酸アルミニウムなどのアルミニウム塩は、ヒ素やセレンの除去効果は低い。

なお、亜ヒ酸よりもヒ酸の方が共沈による除去効果は高い。またセレン酸は共沈による除去効果は低く、亜セレン酸の方が共沈除去効果が期待できる。

その他 活性アルミナ、**酸性白土**、活性炭、陰イオン交換樹脂などを用いた吸着法が検討された例がある。しかし、亜セレン酸の吸着に活性アルミナが利用できること以外、セレン酸およびヒ素に対しては、いずれの吸着方法も通常の廃水処理への適用は難しいと考えられている[5]。

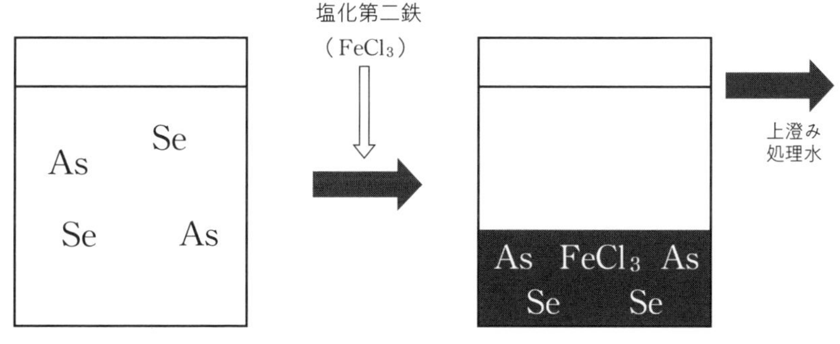

図6.6 共沈法の概念図

用語解説

酸性白土▶英語ではJapanese acid clayと呼ばれる淡黄色を呈する粘土の一種。吸着能や触媒能を持ち、水に入れると酸性を示す。

6.7 農薬廃水の処理

農薬類では、パラチオン、メチルパラチオン、メチルジメトンおよびEPNの有機リン化合物、および1,3-ジクロロプロペン、チウラム、シマジン、チオベンカルブが有害物質として指定されている。これらは、いずれも人工の有機化合物である。また、農薬として使用されるため、昆虫や微生物に対して毒性を持ち、吸着力が強く、簡単に揮発・分解されずに安定で残留性も高いという性質を持っている。

排出源　排出源は、これら農薬の製造工場の廃水および農薬が散布された地域からの雨水や浸出水などと考えられている。ただし、残留性が高いという農薬の性質により、いったん土壌などに吸着されると溶出しにくいという側面があり、公共用水域の水質調査ではほとんど環境基準を超過した事例はない。

加水分解　有機リン化合物の農薬は、水中ではアルカリ性で**加水分解**されることが知られている。このため、有機リン化合物の農薬を含む廃水をアルカリ性で加水分解処理し、その処理水を凝集沈殿法やろ過処理法によって無害化し、さらに活性汚泥によって処理することが行われている。しかし、有機リン化合物以外の農薬類は、この方法では処理できない。

吸着法　有機リン化合物およびその他の農薬のいずれもが、活性炭によく吸着される性質を持っている。したがって、活性炭による吸着が現状では最も有効な方法と考えられている。

その他の方法　これらの農薬類はRO膜（逆浸透膜）によって除去できるが、RO膜は基本的に**脱塩水**を得る方法であり、処理費用が高い。さらに、RO膜処理は濃縮する操作であるため、必ず濃縮液が発生し、この濃縮液の処理が必要となる。

一方、オゾンによって、これらの農薬類が分解除去されることも示されている。オゾンによる処理では、農薬類が部分的に分解されて、生物に対して毒性が低くなるため、農薬類の毒性の除去に有効であると考えられ、また処理水をさらに生物処理することもできる。また、非常に酸化力の強いヒドロキシルラジカルを利用した**促進酸化処理法**によって、これらの農薬類がオゾン処理よりも効率よく分解できることも示されている[6]。

6

農薬

パラチオン
メチルパラチオン
メチルジメトン
EPN
＋
1,3-ジクロロプロペン
チウラム
シマジン
チオベンカルブ

う〜ん
農薬はどんどん開発されているし，今後もっと増えていくのかなぁ？

用語解説

加水分解▸有機物が水の作用によって分解される反応。分解されるのはエステル類などの一部の化合物に限られる。

脱塩水▸溶けている塩類の大部分を除去した精製水のこと。イオン交換法や電気透析法、逆浸透膜法などによって得られる。蒸留水とは一般的に区別されている。

促進酸化処理法▸オゾン、紫外線、過酸化水素、超音波、電子ビームなどの組み合わせによりヒドロキシルラジカル（HO・）を生成し、その強力な酸化力により水中の難分解性有機物を酸化分解する水処理技術の総称。ヒドロキシルラジカルは非常に酸化力が強く、ほとんどの有機物を分解することができる。

6.8 有機塩素化合物・ベンゼン廃水の処理

有機塩素化合物は、不燃性であり、爆発や引火の危険性がなく、浸透性に優れ、かつ揮発しやすいなど、数々の特徴を持つことから、多くの分野で種々のものが使用されてきた。現在は9種類の有機塩素化合物が有害物質として指定されている。ベンゼンは溶媒や化学原料として幅広い用途があるが、発ガン性があり、白血病の原因となる。

排出源

有機塩素化合物は機械部品製造業、金属加工業、有機合成化学、電子産業、クリーニング業など広い分野で使用されているため、さまざまな廃水に含まれている可能性がある。ベンゼンは化学工業において広く使用され、化学工場廃水に含まれている場合がある。

曝気処理法

有機塩素化合物やベンゼンは揮発性が高い。そのため、有機塩素化合物やベンゼンを含む廃水を曝気すると、これらは空気中に揮散する。このようにして処理するのが曝気処理法である。ただし、曝気した空気が大気にそのまま放出されることは好ましくなく、さらにトリクロロエチレン、テトラクロロエチレン、ベンゼンを大気中に放出することは、大気汚染防止法で制限されている。したがって、曝気したガスを集め、ガス中の有機塩素化合物やベンゼンを、活性炭吸着や直接燃焼、触媒燃焼などによって処理することが必要である。

活性炭処理法

有機塩素化合物は、比較的活性炭に吸着されやすい性質を持つため、活性炭処理も適用される。ただし、ベンゼンに対しては、活性炭吸着法の効果は低い。

その他

その他の処理法として、酸化分解法、生物分解法が検討されている。酸化分解法として、有機塩素化合物は過マンガン酸塩を用いて分解できることが報告されている。

ベンゼンは、生物分解が容易であり、生物処理を行うことによって効率よく処理することができる。有機塩素化合物の生物処理については、有機塩素化合物に汚染された土壌や海洋の底土を有機塩素化合物分解能力を持つ菌を利用して浄化する**バイオレメディエーション**が代表的な方法である[7]。

用語解説

バイオレメディエーション（bioremediation）▸微生物や植物、酵素等を用い、有害物質で汚染された自然環境を浄化する処理方法。有機塩素化合物による工場汚染の微生物による浄化、重油汚染地への窒素や硫黄肥料の施用による微生物の重油分解促進、処理などがある。

6.9 ふっ素・ほう素廃水の処理

ふっ素は主として工業原料として用いられ、代替フロン、あるいはテフロンに代表されるふっ素樹脂の原料などに利用されており、過度の摂取で毒性を示す。ほう素はガラス原料や防腐剤、医薬品原料として用いられる。動植物の必須元素の一つであるが、ゴキブリ駆除に用いられるホウ酸ダンゴに代表されるように、過剰に摂取すると毒性がある。

環境中の濃度

ふっ素・ほう素とも自然環境中に存在するものであり、その濃度は**表6.1**に示す程度である。いずれも元来海水に含まれる成分であり、水質汚濁防止法でも海域以外への排出と海域への排出で異なる排水基準が設定されている。

凝集沈殿法

ふっ素はカルシウムと難溶性塩を生成するため、ふっ素含有廃水にカルシウム塩を添加することでふっ素を除去することができる。ただし、この方法ではフッ化カルシウムの溶解度であるふっ素8mg/L以下に処理することは困難であるため、さらに濃度を下げる場合はアルミニウム塩やマグネシウム塩を用いた共沈法、あるいは吸着法などが必要になる。

ほう素は各種金属と難溶性塩を生成しにくいため、アルミニウム塩と水酸化カルシウムを併用した凝集沈殿法以外はほとんど除去効果がない。

吸着法

ふっ素の吸着法としては、活性アルミナを用いた方法や、イオン交換を原理とする吸着樹脂を用いた方法がある。ただし、活性アルミナは吸着剤の繰り返し再生による劣化が激しいなどの課題があり、現在ではあまり適用されない。吸着樹脂としては、ふっ素に対して特異的な選択性を有するものが用いられることが多い。

ほう素についても、ふっ素と同様にほう素に対して選択性を高めたイオン交換樹脂が適用される。ほう素は通常のイオン交換樹脂では選択順位が低いため、選択的に除去することができず、吸着容量が低く現実的ではない。

なお、吸着樹脂は通常再生して繰り返し使用する。再生の際に発生する廃液の処理にも留意する必要がある[8]。

表6.1 ふっ素・ほう素の自然界での濃度

	海水中	淡水中
ふっ素	1.2～1.4mg/L	0.1～0.2mg/L
ほう素	4～5mg/L	0.01～0.2mg/L

※上記は一例であり、異なる濃度とする場合もある。

6.10 栄養塩類（窒素、リン）の処理

窒素、リンは、生物の活動に必須の元素であるが、これらの濃度が高い場合は、放流先で富栄養化を引き起こし、赤潮をはじめとする汚染を招くことで、特に閉鎖性水域などで問題となっている。下水処理場でも生物学的脱窒脱リンにより、窒素、リンの一部除去は可能であるが、下水への流入濃度が高くなると除去できないため、これらを下水流入前に処理すること、すなわち除害施設を設置して処理することが必要である。

窒素、リンは、さまざまな業種の廃水に含有されているが、その処理方法としては、物理化学処理と生物処理に大別される。生物処理については、第5章で述べているため、ここでは物理化学的処理法について述べる。

窒素の物理化学的処理法

アンモニア、あるいは硝酸および亜硝酸によって処理方法が異なる。アンモニアを対象としたものでは、アンモニアストリッピング法（**図6.7**）、**不連続点塩素処理法**（**図6.8**）が代表的なものとして挙げられる。アンモニアストリッピング法は、対象液をアルカリ性に調整して、曝気によりアンモニアを空気に移行させる方法であり、高濃度のアンモニア含有廃水に適用されるが、揮散したアンモニアの処理が必要となる。不連続点塩素処理法は、塩素あるいは次亜塩素酸によるアンモニアの酸化を原理とするものであり、低濃度アンモニア廃水に適用される。

硝酸および亜硝酸を対象としたものでは、電気分解法が開発されているが、現在のところ採用実績は少なく、生物処理が適用されている場合が多い。なお、逆浸透膜処理はほとんどの物質を水から分離可能であり、アンモニアや硝酸・亜硝酸の分離にも有効であるが、膜の種類によっては、アンモニアの除去率が低い場合もあり、注意が必要である。

リンの物理化学的処理法

代表的な処理方法としては、凝集沈殿法、**HAP**（Hydroxyapatite：ヒドロキシアパタイト）**法**、**MAP**（Magnesium Ammonium Phosphate：リン酸アンモニウムマグネシウム）**法**がある。凝集沈殿法はカルシウム、あるいは鉄やアルミニウム系の凝集剤を用い、これらとリン酸が難溶性の沈殿を形成することを利用したものである。HAP法、MAP法は、いずれも**晶析反応**（晶析脱リン法）を利用した方法であり、HAP法は廃水にカルシウムを添加することで、MAP法は廃

水にアンモニアとマグネシウムを添加することで、それぞれ難溶解性のリン酸化合物（HAPもしくはMAP）を生成させて、リン酸を固形物として分離回収することを特徴とするものである。

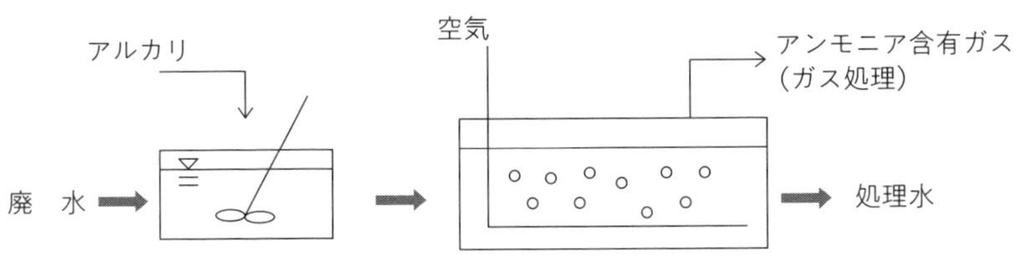

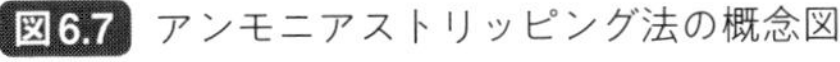
図6.7 アンモニアストリッピング法の概念図

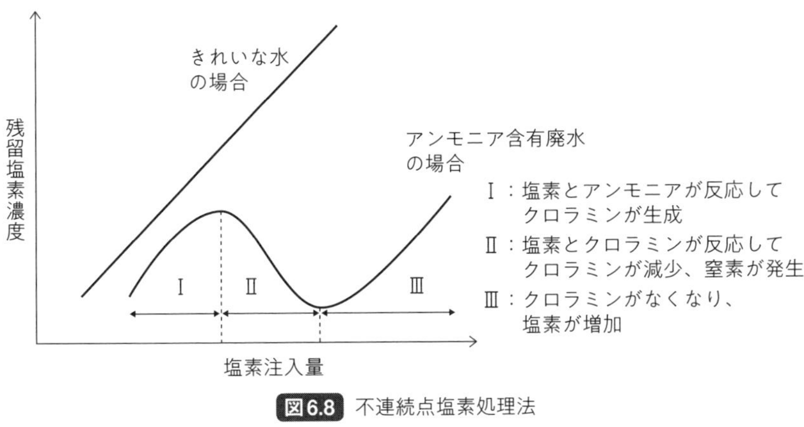

図6.8 不連続点塩素処理法

用語解説

不連続点塩素処理法 ▸ 上水道の塩素殺菌にも広く利用されている方法。塩素処理を行う際に、アンモニアと塩素が3段階で反応して窒素ガスとなる反応を利用したもの。水中の残留塩素濃度と添加した塩素量が一次関係にならず、急激に変化する点があるため、この名前がある。

HAP (Hydroxyapatite) 法 ▸ 排水中のリンを、アルカリ領域でカルシウム剤を添加し、種結晶にヒドロキシアパタイトとして晶析回収する技術。

MAP (Magnesium Ammonium Phosphate) 法 ▸ 排水中のリンを、アルカリ領域でマグネシウム剤を添加し、アンモニアの存在下でリン酸アンモニウムマグネシウムとして回収する技術。

晶析反応 ▸ pHや濃度などの諸条件を整えると，水中に種結晶があればそれを核として水中の溶解物が結晶化していく反応。

クロラミン ▸ 結合塩素ともいい、モノクロラミン（NH_2Cl）、ジクロラミン（$NHCl_2$）、トリクロラミン（NCl_3）の3種類がある。消毒効果がある。

第 7 章

汚泥処理
～廃棄物を価値あるものへ～

7.1 汚泥処理の状況と目的

水処理設備から発生する汚泥の処理処分については、「下水道法」や「廃棄物の処理及び清掃に関する法律」等に規定されているが、いずれにせよ適切な中間処理を経て最終処分されるか有効利用されることになる。

有機性汚泥の代表格である下水汚泥について、2017（平29）年度の最終処分方法を見てみると、**表7.1**のように固形物基準で、全発生量約241万t-DS/年のうち約27%が処分、約73%が有効利用されている。地域や地球環境の保全、最終処分場の残余年数に制限があることや循環型社会の構築の観点から、汚泥処理の主な目的は以下のように要約できる。

安定・無害化

水処理設備から発生する汚泥は、有機物を多く含んでいる。そのまま放置すると、腐敗し悪臭を発生するばかりか、病原菌等を繁殖させる原因となる。そのため汚泥を消化、堆肥化、乾燥もしくは焼却し、それらの対策を施すものである。

減量・減容化

図7.1のように汚泥濃度3%の汚泥を**含水率**80%に脱水すると重量で約1/7まで減量化され、容積で約1/5まで減容化される。減量・減容化によって汚泥の運搬の効率化や、中間処理施設のダウンサイジング、最終処分場の延命化に寄与できる。さらに推進する場合は、乾燥、焼却等の熱操作が採用される。

資源化・有効利用

汚泥を単なる廃棄物として扱うのではなく資源として捉え、建設資材の原材料やエネルギー源として利用している。汚泥中の有機物は、コンポストとして緑農地利用が最も多く、無機物は路盤材、路床材、埋戻材、ブロック、レンガ、セメント原料としての利用などが進んできている。また汚泥はバイオマス資源であることから、温室効果ガス削減のためのカーボンニュートラルなエネルギー資源として着目されている。**図7.2**に下水汚泥のバイオマスとしての有効利用の状況を示す。エネルギーとしての利用法には、汚泥の燃焼熱を蒸気や高温空気として熱回収する方法、さらに回収熱を電力に変換して有効利用する方法、メタンガスや可燃ガスとして回収する方法、あるいは汚泥を乾燥・炭化させて火力発電所等の固形燃料とする方法がある。また汚泥中に多く含まれるリン資源の回収技術も近年実用化され、回収されたリンについては、有価物としての引き取りも行われている。

なお、資源として利用する場合は、需要と供給のバランス、効率的な輸送手段、ストック場所の確保、品質の安定化、歩留まりの向上、流通先や経済的競争力の確保等、さまざまな要素を最適化する必要がある。また利用形態に即した中間処理システムを構築することも重要である。

表7.1 下水汚泥の処理および処分状況（2017（平成29）年度）[1]

	処分			有効利用					合計
	埋立	海洋還元	その他	建設資材（セメント化除く）	建設資材（セメント化）	緑農地利用	燃料化等	その他有効利用	
処理量〔万t-DS/年〕	62.8	0.0	1.1	46.4	68.8	33.7	14.6	13.1	241
比率	26.1%	0.0%	0.5%	19.3%	28.6%	14.0%	6.1%	5.4%	100%

リサイクル率　73.4％

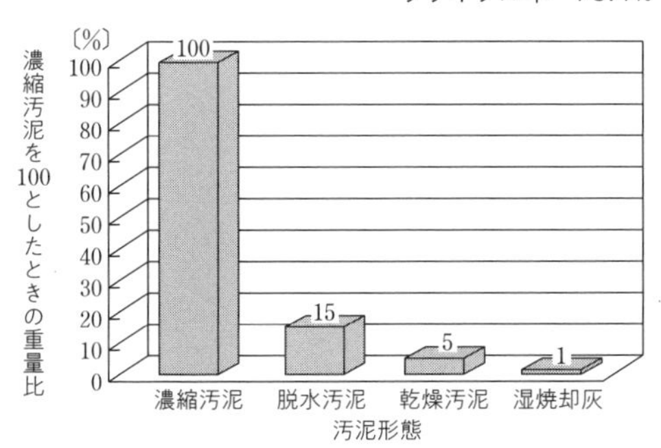

図7.1 汚泥処理による減量効果

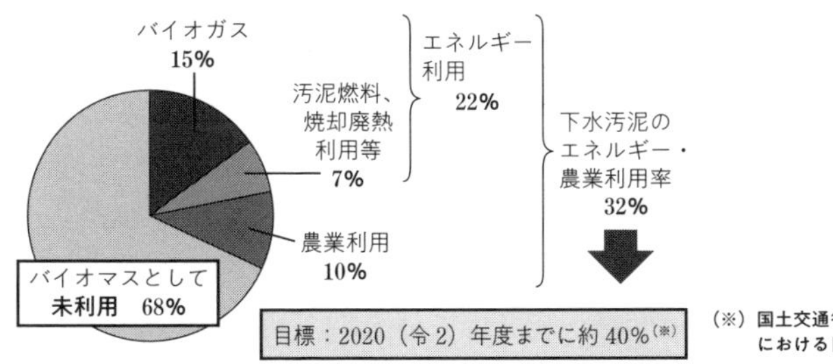

図7.2 下水汚泥中のバイオマス利用（2017（平29）年度）[1]

用語解説

DS（Dry Solids）▸乾燥固形物で、蒸発残留物（TS：Total Solids）や固形物の俗称。

含水率▸物質中の水の質量を物質の全質量で割った値を百分率で表したもの。水分と呼ぶこともある。100から含水率を引いたものが固形物（DS）である。なお、水の重量を固形物の質量で割ったものの百分率が含水比であり、含水率とは異なる値となる。

7.2 濃縮

濃縮は汚泥処理の入口であり、汚泥から水分を分離して減容化する最初の工程にあたる。そして、後続する脱水や消化、焼却といったプロセスの規模や性能に影響し、分離液の返流により水処理へも影響を与える重要な操作である。

重力濃縮　水処理設備から送られる汚泥を重力沈降させることによって、濃縮するものである。中央に汚泥かき寄せ機を設置した円形槽（**図7.3**）や、チェーンフライトを使った長方形槽がある。重力濃縮槽は比較的高濃度の臭気ガスが発生するので、立地条件や管理上の安全性を考慮して密閉構造とし、臭気ガスを引き抜くなどの対策を必要とする。濃縮時間は半日から2日と長く、容量および設置スペースが大きくなる。

機械濃縮　遠心濃縮や浮上濃縮、ろ過濃縮が多く用いられる。遠心濃縮は、汚泥を高速で回転する容器（ボウル）に入れて、遠心力（1,000～2,000G）によって汚泥と水に分離するものである（**図7.4**）。ボウルの内壁に濃縮された汚泥をボウル内部のスクリューでかき取り、排出部へ移送し、分離された水は別の排出口から機外へ排出される。臭気対策が容易であるが、高速回転するため、振動・騒音対策を要し、駆動用電力量が大きい。

一方、浮上濃縮で多く用いられている方式は、加圧浮上である。加圧空気を汚泥と混合し、微細な気泡を汚泥に付着させることで、汚泥を浮上させて水と分離する。浮上濃縮汚泥は上部表面でかき取り、水は下部から引き抜くといった、重力濃縮と逆の分離形態となる。沈降しにくい汚泥や油分が多く含まれる場合、**スカム**が多く発生するような条件下では特に効果を発揮する。加圧空気の代わりに、気泡助剤を用いて常圧下で気泡を発生させ、高分子凝集剤で気泡と汚泥を吸着させる常圧浮上もある。

ろ過濃縮は、高分子凝集剤を汚泥に混入して凝集汚泥とし、ろ過濃縮するものである。これまでの機械濃縮機に比べ低動力なことが特長で、ろ過面の形状は、ドラム型（**図7.5**）やベルト式（**図7.6**）のものがある。

下水汚泥の場合、濃縮後の一般的な含水率は、遠心濃縮が95～96％、浮上濃縮が96～97％、ろ過濃縮が薬品注入率0.3％/DS程度で含水率96％以下となる。

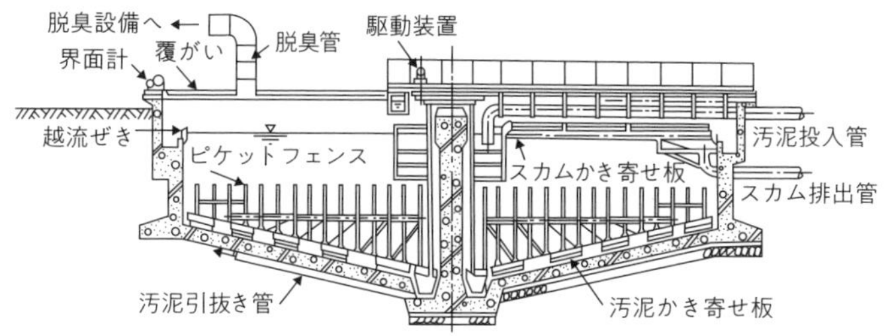

図7.3 重力濃縮槽 [2]

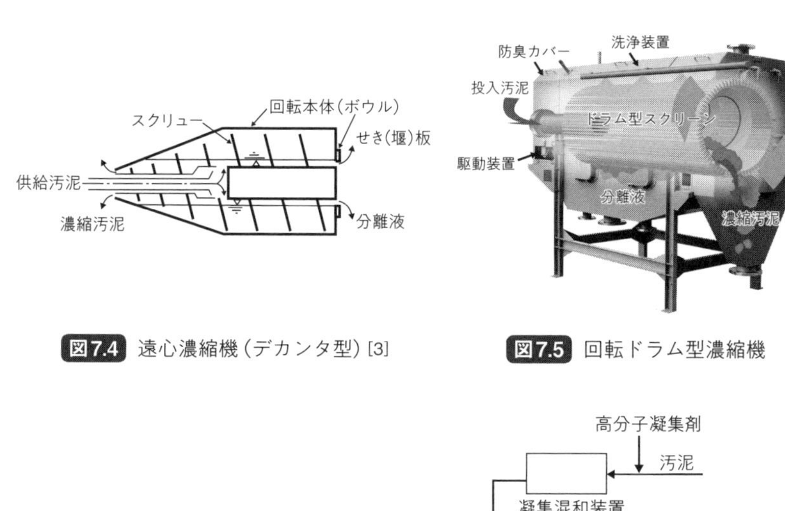

図7.4 遠心濃縮機（デカンタ型）[3]

図7.5 回転ドラム型濃縮機

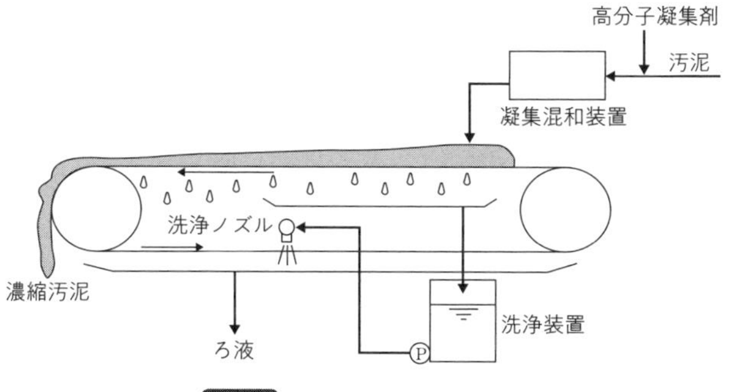

図7.6 ベルト式ろ過濃縮設備

用語解説

スカム▸沈殿池や重力濃縮槽などの表面に発生するもので、沈降しない油脂や繊維分、いったん沈降した汚泥が、メタンガスや窒素ガスと共に浮上して集まったもの。

7.3 消化

消化には、好気性消化と嫌気性消化の2種類があるが、汚泥の安定・無害化、減量化、エネルギー回収を目的に嫌気性消化が多く用いられている。嫌気性消化では約60％のメタンを含有する消化ガス（バイオガスともいう）が得られるため、地球温暖化防止を目的として、再生可能エネルギーである消化ガスの有効利用法が注目されており、消化ガス発電や精製ガスの都市ガス導管注入等が実施されている。

嫌気性消化 無酸素状態で活動する通性および絶対嫌気性細菌によって、汚泥中の有機物を分解し、最終的にはメタン、二酸化炭素等を生成する。メタン発酵法ともいう。発酵プロセスは酸生成相と、メタン生成相に大別できる。酸生成相では酸生成細菌によって、まず汚泥中のたん白質、脂肪、炭水化物等の高分子有機物をアミノ酸や糖類等に分解、可溶化した後、有機酸発酵によって酢酸、プロピオン酸、酪酸、吉草酸、乳酸等の有機酸類や水素、二酸化炭素等に分解する。メタン生成相ではメタン生成細菌によって酢酸や水素からメタンが生成される。

消化温度 消化温度によって中温消化（30～40℃）と高温消化（50～60℃）に分けられる。従来の下水処理では、加温熱量が少ない中温消化が用いられてきたが、汚泥の機械濃縮機の普及により、汚泥の高濃度化が容易となったので、効率化および省スペース化を目的に高温消化を用いるケースが増加しつつある。

消化槽 消化槽の形状には、円筒形、卵形、亀甲形などがある。特に卵形は、容積あたりの表面積が最も少ないため放熱量が小さく、汚泥撹拌効率も高く高濃度消化に適しているといわれている。また、従来はコンクリート製の消化槽が多く導入されていたが、工期やコスト縮減の観点から、鋼板製の消化槽の採用が増加している。

加温方式 加温方式には蒸気吹き込みによる直接加温方式と、熱交換器による間接加温方式があるが、現在は後者が主流である。いずれも発生する消化ガスをボイラや発電機の燃料に使用し加温用熱源としている。

混合消化 既存の消化槽に、生ごみ等の下水汚泥以外のバイオマスを受け入れ、混合消化を行っている事例もある。混合消化により消化ガス発生量が増加するため、発電量の増加によりCO_2排出量のさらなる削減効果が期待される(**図7.7**)。

付帯設備 消化ガス発電を行う場合は、ガスの精製や安定運転のため**脱硫装置**、**ガスホルダ**、余剰ガス燃焼装置に加えて、**シロキサン除去装置**、**ガスエンジン**等が必要である。

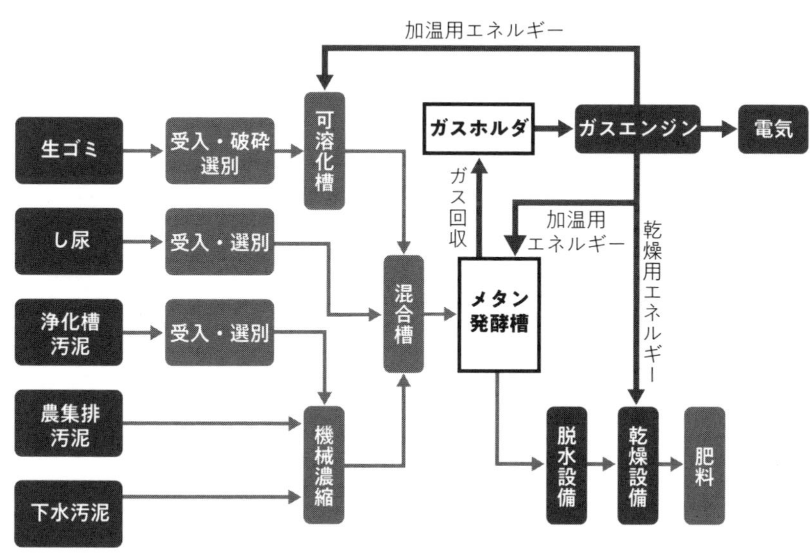

図7.7 混合消化施設の処理フロー例[4]

用語解説

脱硫装置▸消化ガス中には数百ppmの硫化水素が含まれている。硫化水素は有毒で、燃焼すると腐食性の強いガスが発生するため、消化ガスは一般に脱硫処理する。脱硫処理には水洗浄による湿式脱硫、酸化鉄に接触させる乾式脱硫、および微生物の働きを利用した生物脱硫等がある。下水処理場では二次処理水を利用できるため湿式脱硫が主流である。

ガスホルダ▸消化ガスは汚泥投入などの操作に伴って発生量やガス組成が変動するため、その変動を抑えるためにガスホルダを設置する。貯留容量は半日分以上とされている。

シロキサン除去装置▸消化ガス中に数十ppm程度含まれるシロキサンは、シャンプーやリンス等に多く含まれるシリコンに由来する揮発性化合物で、ガスエンジンの点火プラグ等に付着し故障の原因となるので活性炭吸着処理を行う。

ガスエンジン▸消化ガス等を燃料に駆動するエンジンで、出力は20kW前後〜数千kW、発電効率は20〜45%程度である。排気ガスや冷却水から熱回収を行い、汚泥や消化槽の加温等に用いることで熱効率を高めることができる。

7.4 脱水

脱水は、汚泥処理のメイン操作であり、特に減量・減容化に威力を発揮する。脱水方式には遠心分離法とろ過式があり、ろ過式にはベルトプレス、スクリュープレス、回転加圧脱水機、フィルタープレス等がある。汚泥には水との親和力が高い有機物が多量に含まれているため、そのまま固液分離するのは困難である。したがって、いずれの機種においても汚泥に凝集剤を添加して汚泥中の微粒子を結合させて固液分離しやすいフロックを生成させる必要がある。凝集剤には、高分子凝集剤と無機凝集剤があり、汚泥性状、脱水機機種によって最適なものを選定し最適量を添加する。

遠心脱水機

原理は遠心濃縮機と同様であるが、遠心濃縮機の遠心効果が1,000～2,000Gであるのに対し、遠心脱水機は1,500～3,000Gと高い(**図7.8**)。特徴は次のとおりである。

❶処理容量が大きく、省スペース化が図れる。❷騒音、振動対策を要する。❸駆動用電力が大きい。❹常時洗浄する必要がない。❺汚泥中の砂分等による摩耗があるため一定期間ごとの補修が必要である。

CO_2排出量の観点から低動力型、高効率型が開発され、導入が進んでいる。

ベルトプレス

多数のロールへ二枚のろ布を組み込み、ろ布を走行させるものである。凝集した汚泥は、下ろ布によって重力ろ過を受けた後、ロール部で圧搾脱水される。ろ布の目詰まりを防止するため、常時ろ布を洗浄する必要がある(**図7.9**)。特徴は次のとおりである。

❶多量の洗浄水が必要でろ液も多い。❷臭気対策を行う場合は、本体全体を防臭カバーで囲む必要がある。❸定期的にろ布を交換する必要がある。

以上の点から採用数が減少していたが、改良型が開発されている。

スクリュープレス

円筒状のスクリーンと円錐状のスクリューとの間にろ室を設け、汚泥がスクリューで搬送される過程でスクリーンによりろ過される。また出口の背圧板により圧搾力が加わることでさらに脱水されて排出される(**図7.10**)。特徴は次のとおりである。

❶スクリューは低速回転のため低動力である。❷スクリーンを常時洗浄する必要がないため洗浄水量が少ない。❸スクリューが低速回転のため磨耗が少なく、補修費が低い。❹生物処理から発生する余剰汚泥など繊維分の少ない汚泥の場合、ろ液SSが高くなる場合がある。

スクリーン濃縮機と一体化させた機種も開発され、導入が進んでいる。またスクリュープレスには、ろ過面をスクリーンの代わりに薄板を重ね合わせた多重板型があり、目詰まりが少なく、生物反応槽汚泥など低濃度汚泥を直接脱水できることから、小規模施設で多く採用されている。

その他の脱水機

ろ過式の一種である回転加圧脱水機はその形状がコンパクトなため、本体を増設できるメリットがある。フィルタープレスは構造が複雑で本体サイズが大きく、定期的なろ布交換が必要といった面から採用実績が減ってきているが、低水分を得る場合には使用されることがある。また、複数の小規模処理場には、移動脱水車を用いる例もある。

近年は高分子凝集剤と無機凝集剤（ポリ硫酸第二鉄）を併用することで、含水率を7～10ポイント低減できる脱水機も実用化されている。

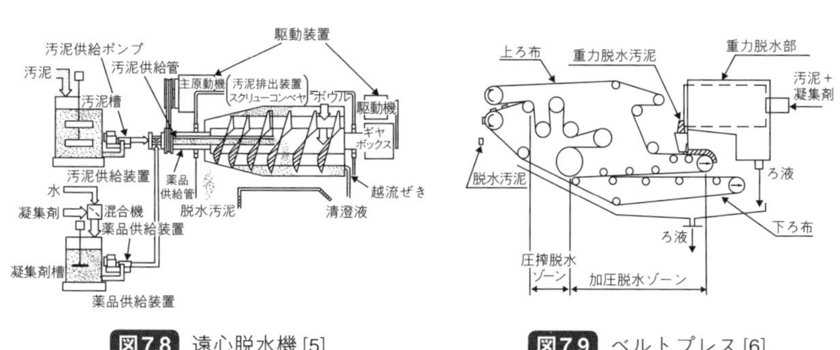

図7.8 遠心脱水機[5]

図7.9 ベルトプレス[6]

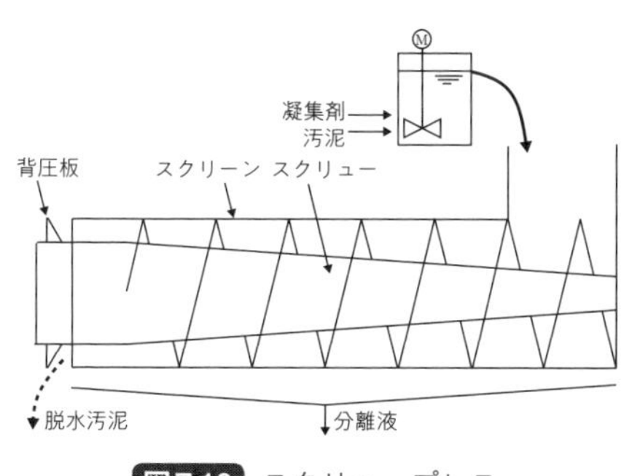

図7.10 スクリュープレス

7.5 コンポスト

コンポスト（堆肥化）は、汚泥を好気性発酵し、分解しやすい有機物を緑農地利用に適した安定した性状にすると共に、発酵熱によって病原菌や寄生虫、雑草種子類等を死滅させ、衛生的かつ安全なものにする処理方法である。

堆肥化装置の形式

堆肥化装置の形式は、以下の4タイプに分けられる。

①堆積形：汚泥を野積み状態にして発酵する。通気方法によって、自然通気式と強制通気式がある。

②横形：撹拌方法によって、スクープ式、オーガ式、パドル式、円形オーガ式、ショベル式等がある。一般的に、いずれも強制通気式である。

③立形：撹拌方法によって、多段パドル回転式、サイロ式、多段アーム式、多段移動床式、片面落し戸式、両面落し戸式等がある。これらも一般的に強制通気式である。

④静置式：コンテナやフレコンバック内に汚泥を入れて強制通気するもので、撹拌せず静置する方式である。

最近は、用地の確保が困難であることや、制御性の良さから、②③④の機械式で強制通気を行い、臭気対策や熱効率の向上の点から密閉式が多く採用されている。形式選定においては、設置スペース、経済性、制御性、運転管理の容易さ、安定性等と併せて、臭気対策、閉塞時の対処方法等を勘案して決定する。一例として**図7.11**にコンテナ式コンポストシステムの設備構成を示す。

前調整

汚泥の性状によっては前調整が不要な場合もあるが、通気性の確保、適正な含水率、圧密による閉塞の防止等、堆肥化性能を発揮するために重要である。大別して以下の3通りがあり、汚泥性状によっては併用する場合がある。

①乾燥方式：汚泥の一部を乾燥し、発酵に適した含水率（汚泥の場合、50～65%）にするもの。したがって、乾燥機との組み合わせとなる。

②副資材混合方式：ウッドチップ、おがくず等の副資材を原料汚泥と混合して、通気性の確保および適正水分に調整するもの。副資材を常時確保できることが必須となる。製品汚泥の利用先で副資材の混入が不都合であれば、ふるいで選別し、副資材を再使用する。

③製品返送方式：製品汚泥の一部を返送し、原料汚泥と混合する方式。通気

性を確保する点では、製品汚泥の粒子サイズや固さが混合に適したものである必要がある。汚泥単独ではなく、家畜糞や生ごみと混合して堆肥化することによって、含有成分、発酵速度等を改善することも検討に値する。

発酵日数 一次発酵は7～14日、二次発酵は自然通気で30～60日、強制通気で20～30日を要する。

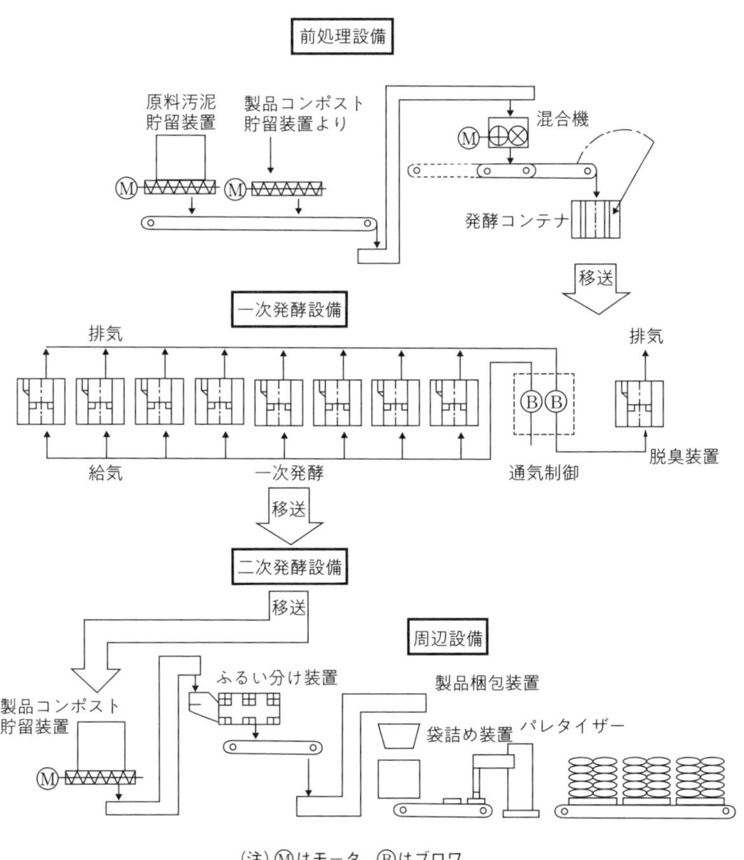

図7.11 コンテナ式コンポストシステム設備の構成

7.6 燃料化

7.1節で述べたように、汚泥はバイオマスであるため、カーボンニュートラルなエネルギー資源としての利用が進んでいる。このうち汚泥を固形燃料として用いる場合、エネルギー的な価値を高めるため、乾燥・炭化等の処理が行われる。またオンサイトでガス化する方法も実用化されている。

乾燥 乾燥は、汚泥に熱を与えて水分を蒸発させる操作である。乾燥汚泥は水分が低下することで汚泥自身の発熱量が高くなるため、燃料として火力発電所等で石炭等の他の燃料と併せて使用される。また、焼却炉に乾燥した汚泥を投入することで補助燃料の消費量を低減し、CO_2排出量を低減することもできる。さらに緑農地利用も可能である。

熱を与える方式は直接加熱式と間接加熱式に分けられ、熱源の種類や運転方法によって多種多様な形式がある。直接加熱式は乾燥用の熱源と汚泥を直接接触させることで乾燥させるもので、熱風を熱源とするものが多い。装置形式としては回転撹拌式、気流式、流動式が比較的多く採用されている。一方、間接加熱式は熱源を蒸気とするものが多く、熱源と汚泥を乾燥容器を介して間接的に熱伝達を行うものである。

乾燥機採用時の留意事項として、臭気を含む乾燥排ガスが発生するので、臭気対策を行う必要があることや、熱を利用するため、エネルギー効率の高いシステムとすることなどが挙げられる。また乾燥汚泥自身も臭気発生源であるため、貯留や輸送時の臭気対策も必要となる。

炭化 炭化物は乾燥汚泥（または脱水汚泥）を、乾燥温度（約120℃）より高い温度で、低酸素雰囲気または無酸素状態で加熱すると、水分および熱分解ガスを放出して得られる。炭化炉の熱源には、主に熱分解ガスの燃焼熱が用いられる。炭化物は固形燃料のほか、緑農地用肥料、脱水助剤などにも利用されるが、このうち固形燃料はカーボンフリーなエネルギー資源であることから、火力発電所の燃料として引き取りされている。**図7.12**に炭化設備のフロー例を示す。

炭化物の取扱上の留意点として、自己発熱特性を有しているため、これを十分理解の上、必要な安全対策を行わなくてはならない。また炭化物の性状は四季を通じた汚泥性状の変動により変わることがあるので、運転管理に注意を払う必要がある。

ガス化　ガス化は乾燥汚泥を低酸素雰囲気において部分燃焼ガス化させ、生成したガスを精製し、ガス発電設備の燃料とすることにより、高い効率での発電が可能となる。乾燥汚泥を得るための熱源として、発電時の排熱を利用することで、廃熱ロスの少ないシステムとすることができる。さらに発電機を有するため、システム内の電力を賄うことができ、システムによっては売電も可能である。**図7.13**にガス化設備のフロー例を示す。

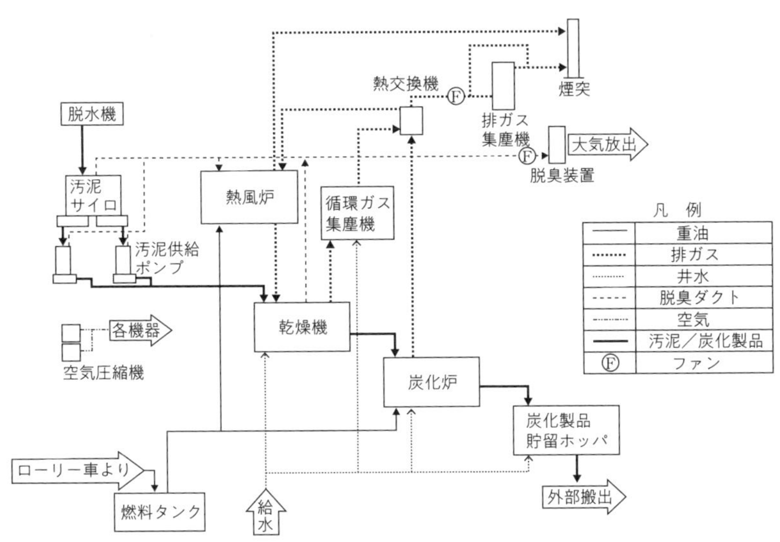

図7.12 炭化設備のフロー例[7]

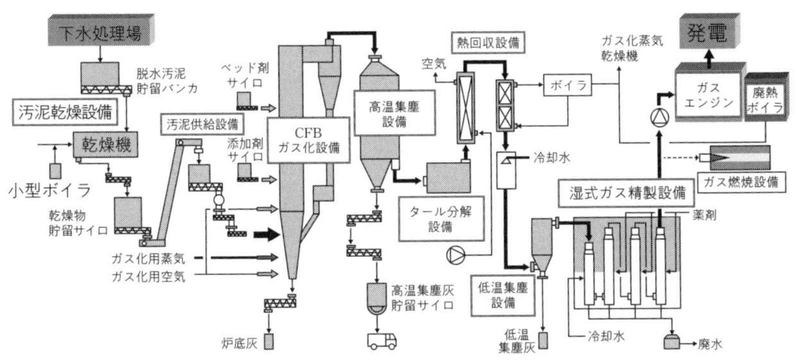

図7.13 ガス化設備のフロー例

7.7 焼却

焼却は、汚泥処理において安定・無害化と同時に減量・減容化に効力を発揮するプロセスで、汚泥発生量の多い大規模な下水処理場に広く導入されている。焼却炉は、流動焼却炉や階段式ストーカ炉等が採用されている。

流動焼却炉

通常脱水汚泥を直接投入して焼却する。立形の焼却炉内に熱媒体である砂を流動させることで、砂による強い撹拌と熱伝達によって瞬時に汚泥から水を蒸発させ燃焼する。設備がシンプルなため多く採用されてきたが、近年は高度処理の普及に伴って汚泥中のリン含有量の増加に起因する**クリンカ**によるトラブルが報告されている。

①気泡流動焼却炉：流動砂が炉の下層部で流動するもので、流動層を形成するために、炉底部から加熱空気を送気する。焼却灰のほとんどは炉頂から排ガスと共に排出される。下水汚泥焼却炉としては、最も実績が多い。

②循環流動焼却炉：気泡流動焼却炉を発展させたもので、上向流速を高めて焼却灰と共に砂も炉頂から排出し、後段のサイクロンで砂を回収し、再度炉内に返送するものである。灰はサイクロンで砂と分離され、燃焼排ガスと共に後段へ送られる。炉内各部の温度差がわずかで、燃焼効率が高く、し渣等との混焼比率を高められる。温度制御が容易であることから、逆の挙動を示すNOxとCOを同時に抑制できる（**図7.14**）。

③過給式流動焼却炉：燃焼排ガスの圧力を利用して**過給機**タービンを駆動させ、タービンに直結されたコンプレッサーにより吸引・加圧された大気を燃焼空気として焼却炉に供給し、気泡流動炉を加圧条件下で運転する焼却炉である。燃焼空気供給ファン、誘引ファンが不要となり消費電力を気泡流動焼却炉に対し約40％低減できる。炉内が加圧条件であり、気泡流動焼却炉と比べ燃焼速度が速くなるため、炉のコンパクト化が可能となる。

階段式ストーカ炉

含水率20～40％程度の乾燥汚泥の焼却、あるいは機内二液調質型遠心脱水機で得られた含水率70％程度の脱水汚泥の直接焼却が可能であり、補助燃料は不要もしくは少量となる。

炉は**図7.15**に示すように可動段・固定段の火格子が交互に階段状に配置され、汚泥は可動火格子の前後動により緩やかに撹拌しながら下方へ移動し、火格子間より送られる燃焼空気と接触し、乾燥・焼却が行われる。

炉内は水冷壁構造で高温燃焼が可能なため、N_2Oの発生量は、高温対策

(850℃)の流動焼却炉に比べて、1/6～1/10程度に低減することができる。また、大部分の灰が炉の下部より排出されるため、排ガス中のダスト濃度は流動焼却炉に比べて大幅に低く、煙道でのダストの閉塞は生じない。含水率の低い汚泥を焼却するため、補助燃料が不要もしくは少量となる。焼却灰は部分的に溶融状態となり、数センチの塊状となるので取り扱いやすく、有効利用の用途も広い。雑芥類をはじめとした種々の廃棄物との混焼も可能である（**図7.16**）。

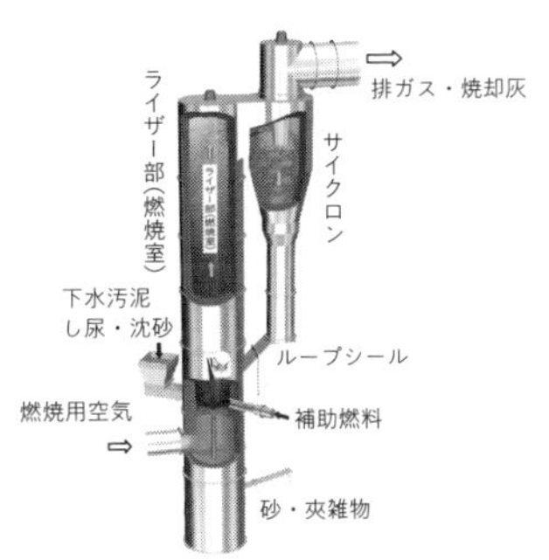

図7.14 循環流動焼却炉の概念図

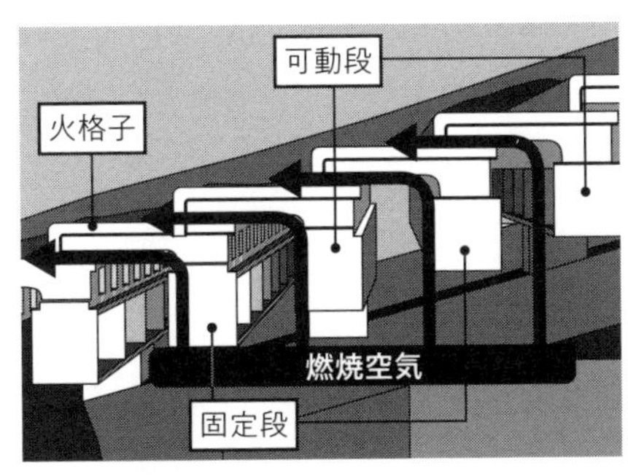

図7.15 階段式ストーカ炉の構造

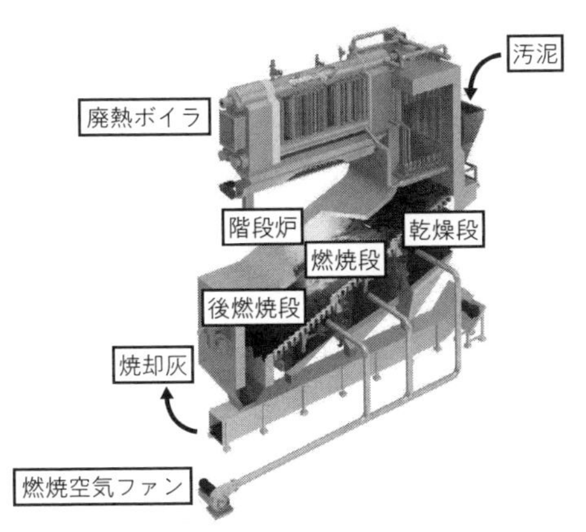

図7.16 階段式ストーカ炉の概念図

用語解説

クリンカ▸炉壁や炉出口煙道に飛灰などが溶融付着し成長して塊となったもの。局所的に高温部が発生した場合に生成しやすい。成分としては、P、Al、Ca、Fe等が多く含まれる。大きなものは燃焼を阻害する原因となり、運転継続が困難となる。

過給機（ターボチャージャー）▸排ガスのエネルギーを利用して、空気を圧縮する機械。

7.8 創エネルギー型汚泥焼却

下水処理から発生する脱水汚泥は他の廃棄物と比較して含水率が高く、焼却時には含有する水分の蒸発に多くの熱量が必要である。その熱量を賄うために補助燃料を必要とする場合が多く、汚泥焼却はこれまでエネルギーを多く消費するプロセスとされてきた。しかし、脱水汚泥が一定の含水率以下となれば補助燃料が不要な自燃運転が可能となり、さらに含水率を低減させれば、焼却システム内でエネルギーが余り、そのエネルギーを回収し電力等に変換することで、従来エネルギー消費型であった焼却処理をエネルギー創出型に転換させることが可能となる。なお、創エネルギー化（システム外への電力供給）には消費電力の低い焼却システムが有効であるため、流動焼却炉と比較して消費電力の低い階段式ストーカ炉が適している。

低含水率化脱水機＋革新型階段炉を用いたシステム

脱水汚泥の低含水率化技術の一例として、機内二液調質型遠心脱水機がある。従来の高分子凝集剤に加え無機凝集剤を機内薬注することで、脱水汚泥含水率を従来よりも7～10ポイント低い70％程度まで低減できる。低含水率の脱水汚泥を、乾燥機能を強化した革新型階段炉を用いて焼却し、炉の後段に設置した廃熱ボイラにて蒸気として熱回収を行う。発生した蒸気は蒸気発電機に投入し、電力に変換する。蒸気量が多い場合は復水タービン発電機を用い、少ない場合は小型蒸気発電機とバイナリ発電機の組み合わせが有効である。復水タービン発電機とバイナリ発電機は多量の冷却水が必要となるが、汚泥焼却の場合下水処理水を用いることができる。このシステムは消費電力が低く、焼却規模にかかわらず、発電量がシステム全体での消費電力を上回り、創エネルギー（電力自立）が可能となる（**図7.17**）。

乾燥機を組み合わせたシステム

階段式ストーカ炉の後段に廃熱ボイラを設置し、発生した蒸気を用いて蒸気間接加熱式乾燥機の熱源として利用するシステムは従来から採用されており、脱水汚泥含水率が概ね78％以下であれば自燃運転が可能である。乾燥汚泥を焼却し廃熱ボイラにて発生した蒸気により、蒸気発電機にて電力に変換する。乾燥機の熱源は、発電機から出た圧力・温度の低下した廃蒸気を利用することができる。このような段階的なエネルギー利用をカスケード利用と呼び、蒸気の持つエネルギーを無駄なく利用することができる。また、乾燥機に投入する蒸気が余れば、バイナリ発電機によりさらなる電力回収が可能である。以上のように幅広い条件で、創エネルギー（電力自立）が可能となる（**図7.18**）。

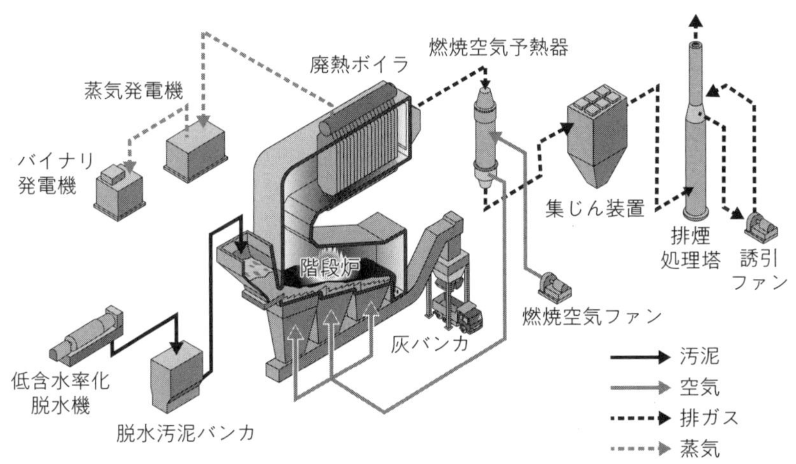

図7.17 低含水率化脱水機＋革新型階段炉

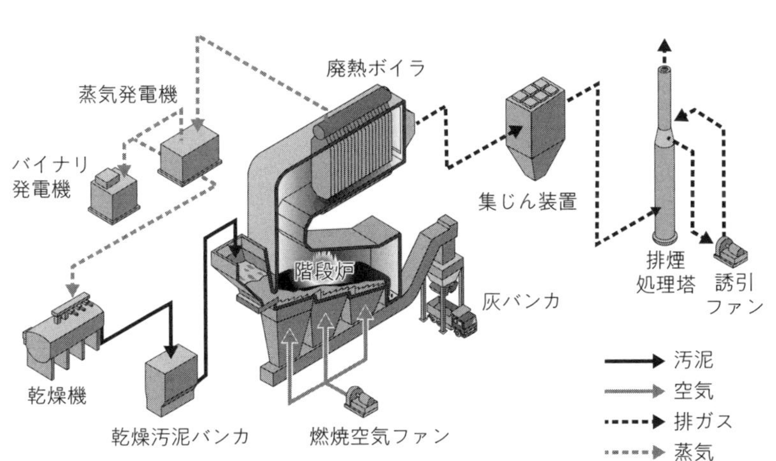

図7.18 乾燥機を組み合わせたシステム

7.9 返流水対策

汚泥を処理する各工程において分離液、ろ液、脱離液、スクラバ排水等の返流水が発生する（**図7.19**）。これらには有機物、リン、窒素などが含まれるので直接場外放流できず、返流水として水処理設備に返送し、汚水と共に処理される。この返流水が、水処理設備の性能に悪影響を及ぼさないよう、対策を検討する必要がある。

返流水量の抑制

返流水量が多いため水処理設備内での汚水の滞留時間が短くなり、処理性能が悪化する懸念がある場合は、返流水量を抑制できる形式を選定する。例えば脱水においては、洗浄水量が多いベルトプレスや加圧ろ過機に代えて、遠心脱水機やスクリュー脱水機の採用を検討する。

SS対策

濃縮機や脱水機の性能を表現する項目に、**固形物回収率**がある。この数値が高ければ、返流水中のSS濃度が低くなる。脱水機の場合、回収率は脱水機の形式によっても異なるが、汚泥の凝集状態が大きく影響するため凝集剤の選定が重要である。また、返流水を再度プロセス用水として利用する場合は、高度な処理が必要となる。

有機物対策

消化槽の脱離液のように可溶化した有機物もあるが、一般的には、返流水中の有機物はSSに含まれるものが多い。したがって、SS対策を施せば、有機物対策にもなる。

リン対策

水処理設備で生物脱リンを行えば、汚泥中にリンが移行する。その汚泥を消化すれば、液相側にリンが放出され、脱離液のリン濃度が高くなり、配管内で固形物として析出し、閉塞等のトラブル要因となる。このため、凝集、晶析、結晶化等の方法でリンを除去する必要がある。また、リンは必須元素で枯渇資源の一つでもあることから、回収・再利用する取り組みも始まっている。消化しない場合でも、汚泥濃縮槽、貯留槽などで、嫌気性になれば、汚泥からリンが放出される。このような汚泥を脱水する場合は、鉄系やアルミ系の無機凝集剤を使用すれば、汚泥中にリンを取り込むことができる。リンの除去方法を決定する際には、分離後のリンの利用方法やセメント化等の利用先の品質要求等も併せて検討する。

窒素対策

消化した場合のように、窒素濃度が高ければ窒素除去を組み込む。近年では、エネルギー消費量やユーティリティの低減を目的にアナモックスプロセスを利用した処理方式も開発されている。

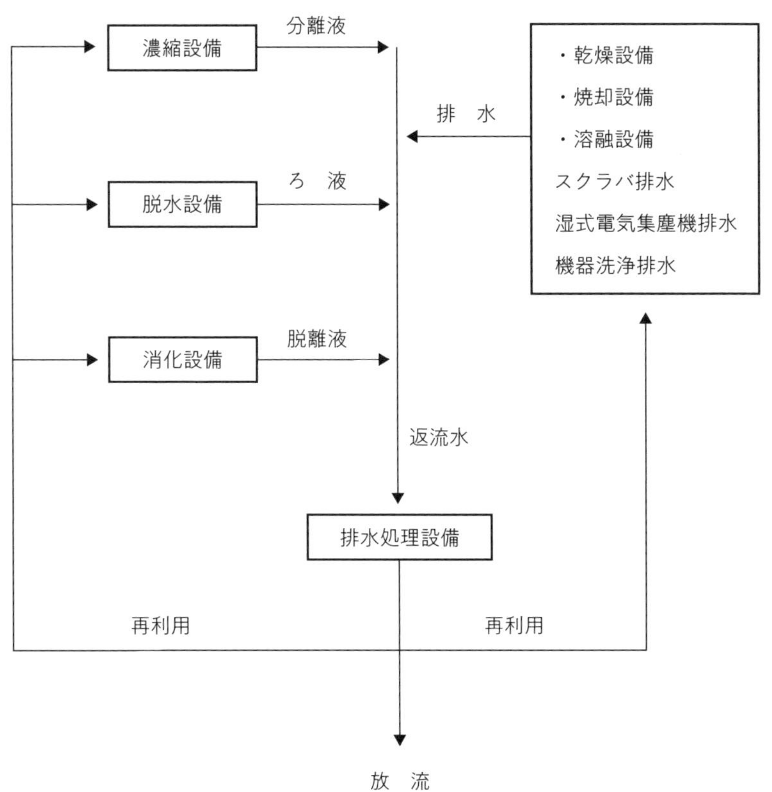

図7.19 返流水の発生箇所と水処理施設

用語解説

固形物回収率▸濃縮機、脱水機出口の濃縮汚泥や脱水汚泥に含まれる固形物が多ければ多いほど、返流水中の固形物量は少なくなる。濃縮機、脱水機の入口汚泥中の固形物量に占める出口汚泥中の固形物量の割合を固形物回収率という。この値が高いほど性能が高い。SS (Suspended Solid) 回収率ともいう。

第8章

低炭素・循環型社会への貢献
～下水処理場は資源の宝庫～

8.1 下水処理施設で発生する「資源」

山紫水明が賛美される日本の風土において、年平均降水量は約1,700mm（1986年～2015年の資料を元に算出）と、世界の年平均降水量約1,100mmの約1.5倍となっている。しかし、降水量が水資源の重要な位置を占めてはいるものの、日本の水の需給は、必ずしも十分余裕のあるものとはいえない。一人当たりの水資源賦存量（理論上人間が最大限利用可能な量）でみると、日本は約3,400m^3/人・年で、世界平均の約7,500m^3/人・年に対して2分の1以下であり、関東だけで見ると北アフリカや中東諸国と同程度となっている。また、近年は少雨の年と多雨の年の年降水量の開きが次第に大きくなってきており、渇水年の水資源賦存量は平均年の約69%となっている。このような状況のため水資源の安定確保の点から、下水処理水のより一層の有効利用が求められる（**図8.1**）。

一般的に、汚水処理は低コストで処理効率のよい生物学的処理が採用される場合が多いが、生物学的処理においては、汚水から転換した有機質に富む活性汚泥が余剰汚泥として発生する。通常、この余剰汚泥は脱水処理が施され、廃棄物として処分もしくは再利用されている。下水道を例にとれば、2017年の発生汚泥固形物量は年間約240万tに達している。汚泥に含まれる有機物はバイオマスエネルギー等への利用が進められており、資源としての枯渇が危惧されているリンをはじめとする有用成分についても有効利用の取り組みが行われている。

汚水や処理水、さらに、その処理過程から発生する汚泥を資源・エネルギー源として捉え、その有効利用やリサイクルを循環型システムの中にバランス良く取り入れていくことが重要である。特に下水道は“循環のみち”として、水・資源・エネルギーの集約・自立・供給拠点化が期待されている（**図8.2**）。

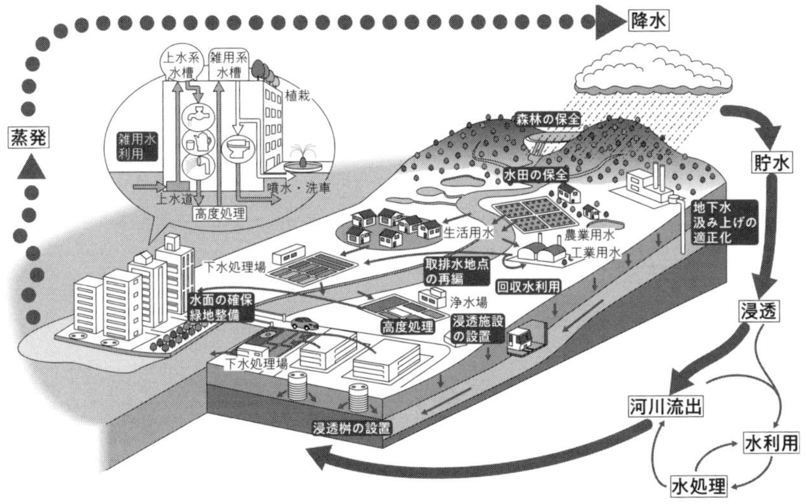

図8.1 日本の水資源[1]

新下水道ビジョンについて（概要）

○「下水道政策研究委員会」（委員長：東京大学花木教授）の審議を経て、2014年7月「新下水道ビジョン」を策定。
○「新下水道ビジョン」は、国内外の社会経済情勢の変化等を踏まえ、下水道の使命、長期ビジョン、および、長期ビジョンを実現するための中期計画（今後10年程度の目標および具体的な施策）を提示。

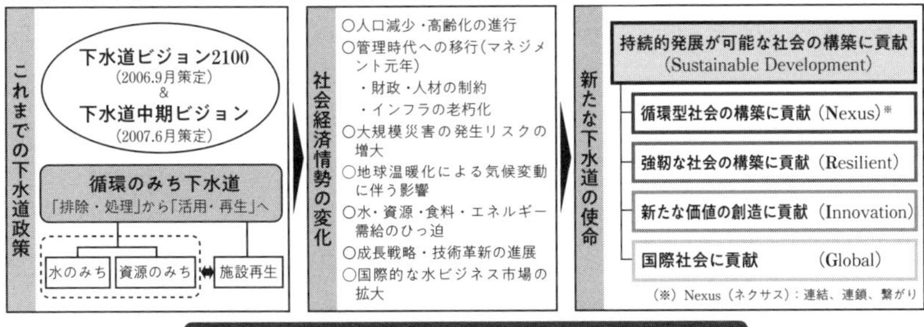

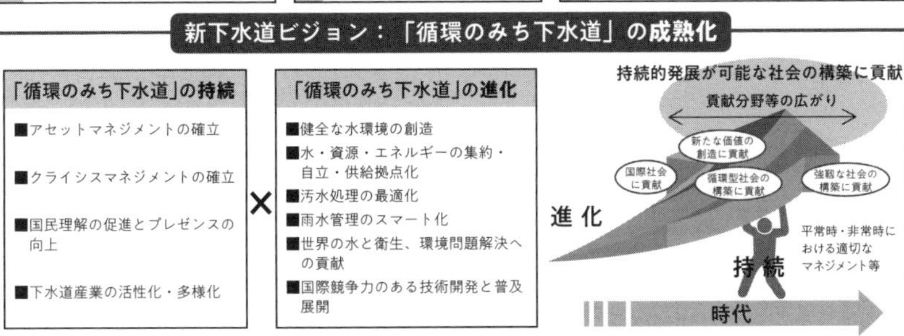

図8.2 新下水道ビジョン[2]

8.2 処理水の有効利用

処理水利用のメリット 生活用水の20～30%程度を占める水洗トイレや散水、清掃用水は、水道水のような水質を必要としないため、下水の高度処理水(再生水)を使用することができる。下水道は水の需要が多い都市域で普及率が高いことから、再生水の有効利用は都市における水資源の確保と渇水時などの非常時の備えにつながる。また、**修景用水**に利用してせせらぎの空間をつくることで、ヒートアイランドの抑制効果や、都市環境の保全とアメニティ向上が期待できる。

有効利用の条件 再生水の利用にあたっては、衛生上の安全性と美観・快適性を確保できる水質とする必要があり、下水処理水においても水質基準と処理基準が提示されている。また、再生水の導入にあたっては、その地域における水環境、水の需給等に対するバランスと経済性を十分に検討しなければならない。

処理方法 再生水は通常、二次処理水からさらに高度処理を施したものが多い。下水処理水に含まれる微粒子、色や臭気、大腸菌をより一層低減するため、処理性能、維持管理性、経済性を十分検討した上で、砂ろ過、活性炭吸着、オゾン酸化、膜分離等の処理が施される。

再生水の利用状況 再生水の用途別利用状況を**図8.3**、**図8.4**に示す。水量では修景用水や河川維持用水といった環境用水としての用途が多く、施設数では修景用水や散水としての用途が多い。生活用水としては、水洗トイレや、事業所等への供給に利用されている。2014(平26)年7月に策定された「新下水道ビジョン」(前節図8.2参照)では、渇水時等に下水処理水を緊急的に利用するための施設を倍増するという目標が掲げられ、取り組みが進められている。

さらに、下水の原水や処理水の持つ熱エネルギーについても、冷暖房や給湯等の熱源としての有効利用が進められている(8.5節参照)。

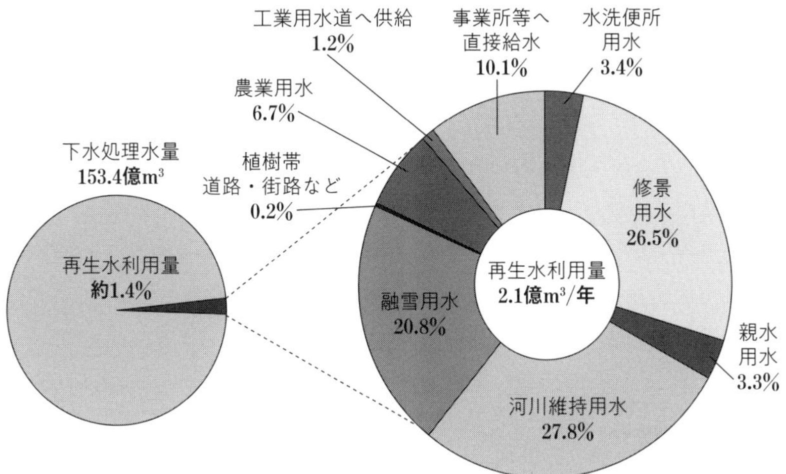

図8.3 下水再生水の用途別利用状況 [3]

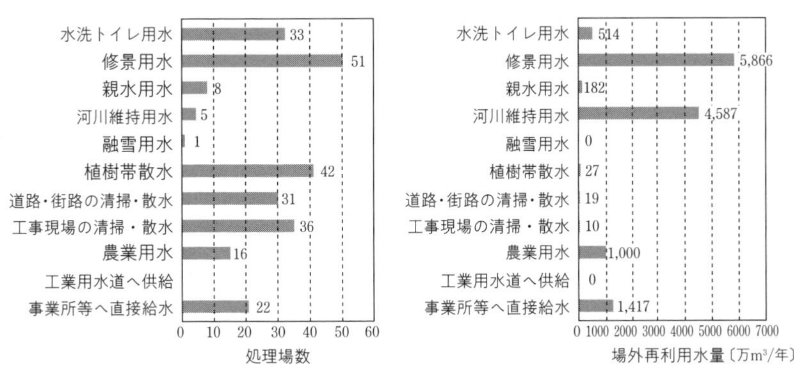

図8.4 場外で再利用している処理場における用途別処理場数（左）および利用量（右）（2014年度）[4]

用語解説

修景用水 ▸ 下水の処理水を水源として、都市空間にせせらぎ等の水辺を創り出すことが各地で行われている。修景用水は下水処理水をオゾン処理し、消毒効果や脱臭、脱色処理される場合が多い。

8.3 汚泥の有効利用

汚泥の有効利用は、緑農地利用、建設資材利用等の物質としての利用とエネルギー利用に大別される。後者については次節で記載することとし、ここでは、有機物を含む汚泥の物質としての有効利用について述べる。

下水汚泥発生量とリサイクル率の推移を**図8.5**に示す。1990年代前半までは埋立処分が一般的であり、有効利用としては主にコンポスト等の緑農地利用が主であった。1996年に下水道法が改正され、廃棄物最終処分場の逼迫（ひっぱく）を背景に汚泥減量化が進められ、セメント原料化を中心にリサイクル量が急激に増加した。

緑農地利用

下水汚泥には有機分をはじめとして窒素、リン、カリウム等の有用成分が含まれており、肥料や土壌改良材に好適である。汚泥を焼却せずにコンポスト化、あるいは乾燥させて用いる場合が多い。

下水汚泥を基に生産された肥料は、化学肥料ではなく有機質肥料に分類される。下水汚泥には重金属が含まれているため、肥料取締法によって汚泥肥料中に含まれるヒ素、カドミウム、水銀等の有害成分の最大量が規定されている。肥料登録の際には分析結果を提示すると共に、植物の生育に害がないことを確認する植害試験を行うことが義務付けられ、安全性の確保が図られている。

建設資材利用

脱水汚泥や乾燥汚泥をセメント資源化して利用する。セメントの品質に影響を及ぼす汚泥成分としてリン、塩素、アルカリ量、重金属がある。受け取り側のセメント工場と事前に量的、質的な事項について入念な確認が必要である。

汚泥焼却処理後の焼却灰も建設資材として利用される場合が多い。焼却炉の形式により灰の性状が異なり、流動焼却炉の灰はパウダー状であるのでブロックやレンガ等の二次加工品に利用しやすい。階段式ストーカ炉の灰は塊状で転圧が利き、透水性や保水性に優れているので、無加工で路床材、路盤材等に利用できる。利用例を**図8.6**に示す。いずれにせよ、需要と供給のバランスや流通ルートの確立、品質の安定化等を行う必要がある。また、重金属の含有量や溶出基準を遵守することも必要である。

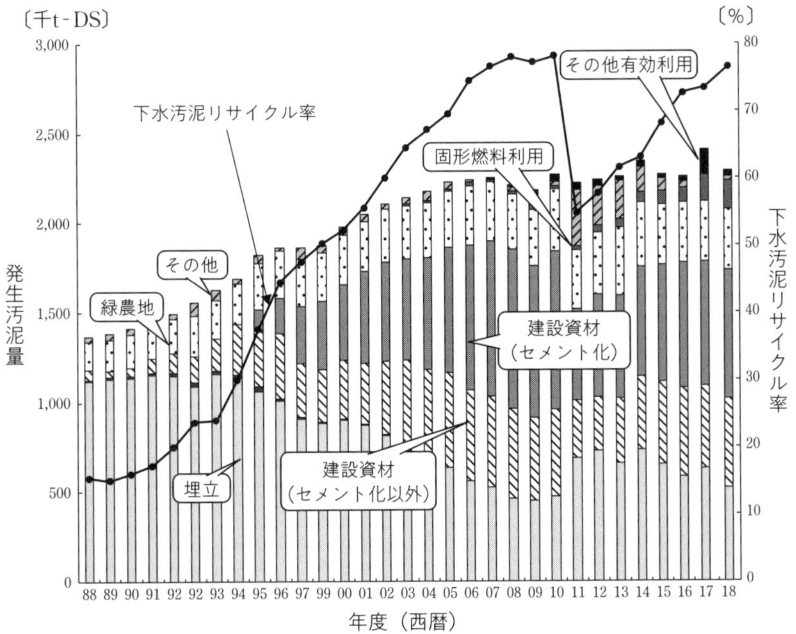

※汚泥処理の途中段階である消化ガス利用は含まれない。
※2011年度のその他は、97.6%が場内ストックである。

図8.5 下水汚泥の発生量とリサイクル率の推移[5]

焼却灰の利用例

・改良土	・セメント原料	・透水性レンガ
・軽量骨材	・ブロック・レンガ	・タイル
・コンクリート製品	・陶管	・改良埋戻材

図8.6 下水汚泥の建設資材利用例[6]

8.4 汚泥のエネルギー利用

下水汚泥は、人間生活に伴い下水道において必ず発生する量、質ともに安定したバイオマスであり、収集の必要がない集約型で、エネルギーの需要地である都市部で発生するという特徴を有する。このため、バイオマスエネルギーとしての利用ポテンシャルが高く、**図8.7**に示すようにさまざまな方法で利用されている。しかし、**図8.8**に示すように現状ではエネルギーとしての利用率は高くなく、利活用を進める取り組みが行われている。

メタン発酵　汚泥の減量化、安定化を目的とした汚泥消化処理は、かなり以前から用いられており、メタン発酵の過程でメタンを主成分とするバイオガスが発生する。このバイオガスは、自らのメタン発酵システムの加熱源として使われてきた。近年では、バイオガスのエネルギー利用を図るため、汚泥を濃縮し設備をコンパクト化した省エネルギー型システムの開発や、食品廃棄物等の地域バイオマスを受け入れて消化槽へ投入しバイオガス発生量を増やす取り組みなどが行われている。バイオガスの主な用途は、ガスエンジン等を用いた発電である。メタンガスを精製して、自動車燃料としての利用や都市ガス管への導入を行っている事例もある。また、バイオガスから水素を製造する試みも行われている。

燃料化　下水汚泥は固形分中の8割以上が有機物であり、これをエネルギー化する意義は大きい。しかし、下水汚泥は脱水後でも含水率が約80％あり、そのままでは発熱量が低く燃料としての価値は低い。そこで脱水汚泥を乾燥あるいは炭化して燃料として利用可能な性状とし、火力発電所等に移送して、石炭等の燃料と混焼させることによりエネルギーとして利用する。化石燃料と代替することで温暖化ガス排出量の大幅な低減や、最終処分が不要になる等の長所がある一方で、下水処理場では乾燥や炭化のための燃料が多量に必要となるため、燃料化から利用するまでのシステム全体で評価する必要がある。

焼却発電　下水汚泥は減容化、衛生処理等の観点から焼却処理されている場合が多い。汚泥の脱水工程において含水率をより低下させれば、焼却工程で発生する熱量を増加させることができる。その熱をボイラ等で回収し小型蒸気発電機やバイナリー発電機を用いて発電を行う。

焼却設備の省エネ化を進めることで、設備の消費電力をまかない、さらに余剰電力の供給を行うことも可能である（7.8節参照）。

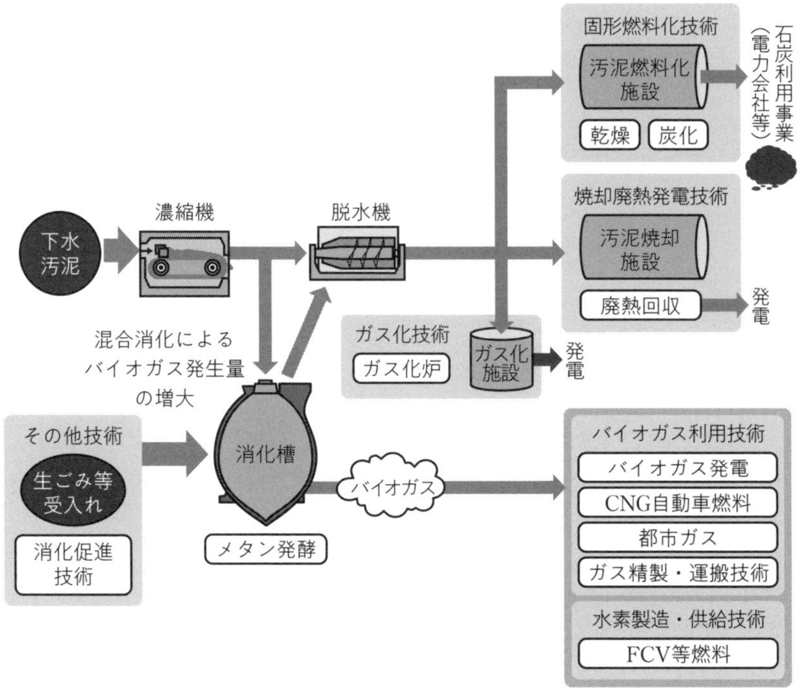

図8.7 下水道におけるエネルギーの有効利用［7］

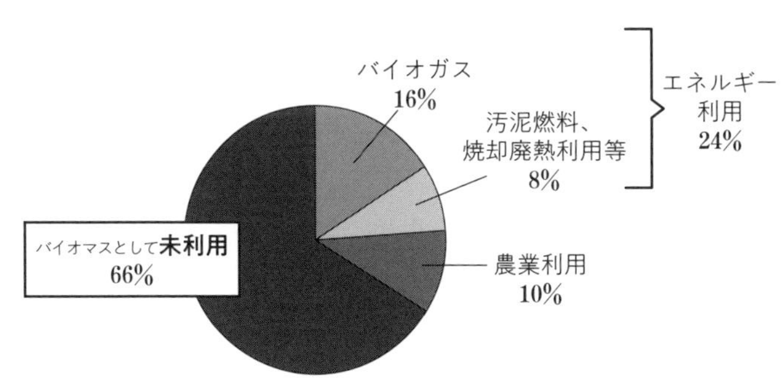

図8.8 下水道バイオマス利用状況（2018年度）［5］

8.5 その他のエネルギーの有効利用

8.4節では汚泥のエネルギー利用について述べたが、ここでは下水や処理水の熱エネルギーに焦点をあてた有効利用について説明する。

下水・処理水の熱エネルギーの利用

一般的に下水の温度は年間を通じて安定しており、夏期は25℃以下、冬期は10℃以上である。大気と比べて夏は冷たく冬は暖かいこと、下水道は熱需要の多い都市部に張り巡らされていることから、その熱を冷暖房や給湯、融雪等に利用することができる。

下水から直接または熱媒体を用いて回収した熱を、**ヒートポンプ**を用いて熱源として利用する。それにより、所定の温度とするために投入するエネルギーを削減することができる。省エネルギーによるエネルギーコストやCO_2排出量の削減、大気汚染物質の排出量削減、冷房利用時の排熱が下水へ排出されることによるヒートアイランド現象の低減などの効果がある。**図8.9**にエネルギー削減効果の模式図を、**図8.10**にヒートポンプを用いた冷暖房システムの例を示す。

従来、下水熱や下水処理水の熱利用は、下水処理場内や近隣の地域に留まっていたが、2015（平27）年度に下水道法が改正され、民間事業者が下水管内に熱交換器等を設置できるようになった。下水管からの熱回収技術としては、管内面に熱媒管を配置する方式、管底に熱交換器を敷設または後付設置する方式、管路内にパイプを設置する方式などがあるほか、管路と熱交換器を一体構造として熱交換器の特別な維持管理を必要としない方式も開発されており、下水熱の有効利用の普及促進が期待される。

その他の再生可能エネルギーへの取り組み

下水処理場から放流される処理水は、時間変動が少ないため、その落差を利用した小水力発電を行うことが可能である。また、下水処理場の広い敷地を利用して太陽光発電や風力発電を行う事例も増えつつあり、下水道施設のエネルギー拠点化が進められている。

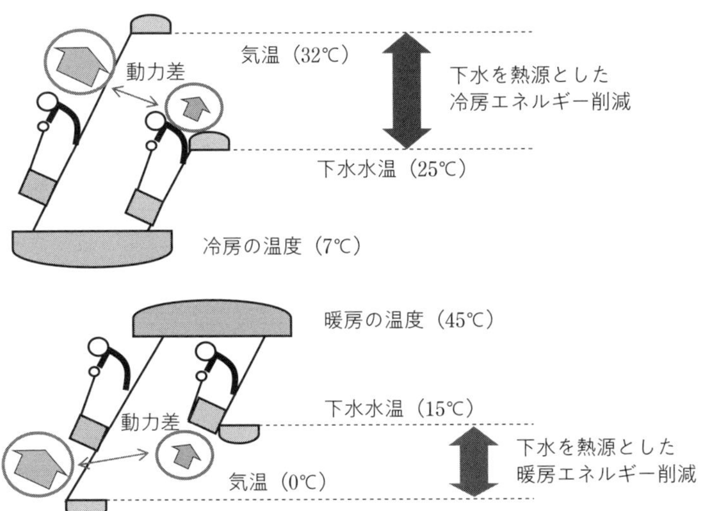

下水の温度は夏は外気温に比べて低く、冬は高くなるため、これを熱源とすることで温度差が小さくなり必要な動力が少なくて済む。

図8.9 下水熱利用による投入エネルギー削減効果 [8]

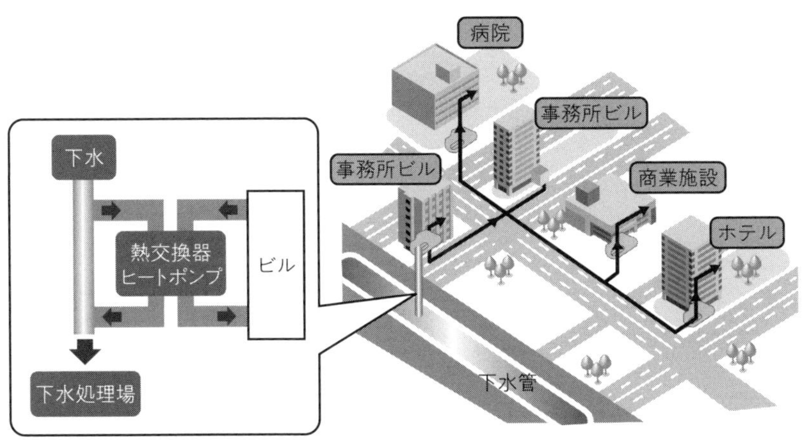

図8.10 ヒートポンプを用いた冷暖房システムの例 [9]

用語解説

ヒートポンプ▸熱を低温の物体から高温の物体に移す装置であり、内部に封入されている熱媒体のガスを電気などの外部エネルギーで圧縮・膨張させて熱交換を行う。

8.6 有効成分の回収

リンの回収

下水からの有効成分の回収として注目されているものに、リン資源回収システムがある。

リンは肥料原料として重要な物質であるが、日本国内での産出量はほとんどなく、リン鉱石の輸入に頼っている。**図8.11**に示すように、日本に入ってきたリンは大半が肥料原料として利用され、生産と消費により環境の中に拡散されて、河川、湖沼、海域、土壌へと分散し、環境汚染の一因となる。このうち約10％が下水道を経由しているために、下水からのリンの回収は環境保全と資源確保の両面から重要である。

下水処理場に流入するリン5.5万t-P/年（2006年時点）のうち、処理水として放流・流出されるリンは1.3万t-P/年、下水汚泥中に除去されたリンは4.2万t-P/年と推計される。最終の汚泥形態別に見ると、焼却灰がその70％を占める。

水中に溶解しているリンを回収する方法としては、HAP法、MAP法（**図8.12**）、焼却灰からリンを抽出する灰アルカリ抽出法などがある。汚泥の消化処理を行う場合は、消化槽でリンが汚泥から液中に移行するため、HAP法やMAP法が適している。一方、汚泥を消化せずに焼却する場合は、リンは焼却灰に濃縮されるため、灰アルカリ抽出法が適用された例がある。また、焼却灰をリン鉱石の一部代替物として、肥料用リン酸製造工程に投入し利用している事例がある。

近年はリンの輸入価格が安定していることから、下水から回収を行っている事例は少ないが、資源の自給率向上と地産地消の観点から、リンの有効利用の取り組みは重要である。

その他の資源化技術

その他の資源化技術としては、長野県で汚泥の焼却灰の溶融飛灰や残渣をリサイクル業者へ売却し、金を回収して再利用している例がある。

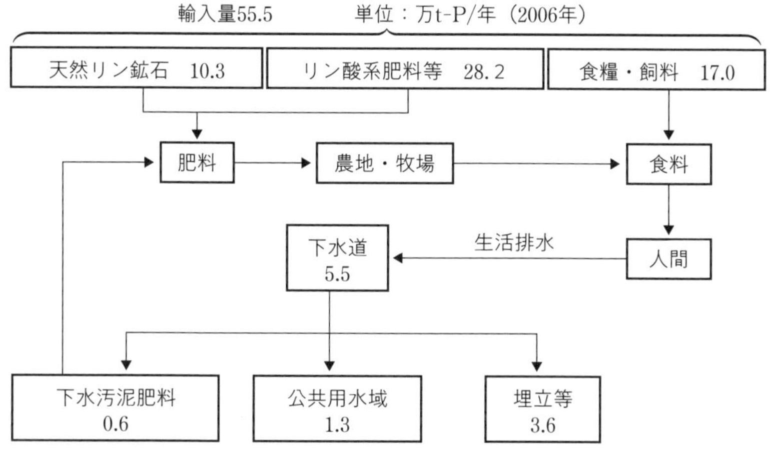

図8.11 農業・食品にかかわる日本へのリン輸入量と排出量[10]

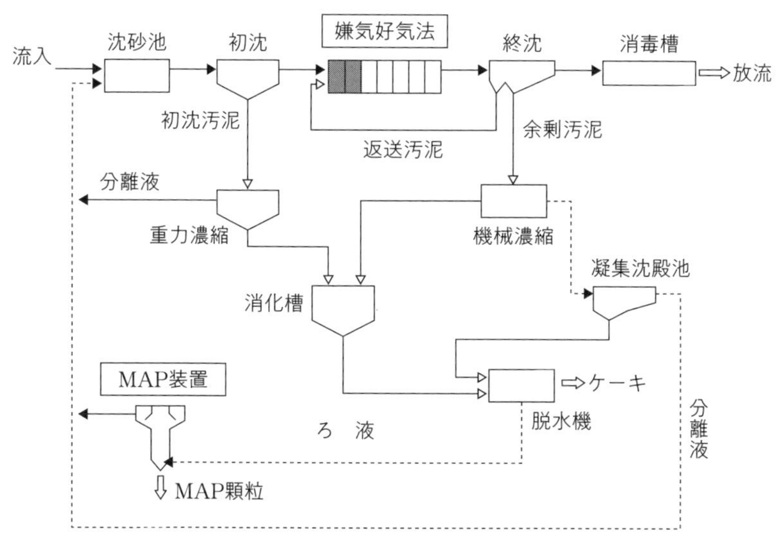

図8.12 リン回収フロー例（MAP法）

第 9 章

水質の関連法規
～水環境の道しるべ～

9.1 環境基準：人の健康にかかわる水質項目

環境基本法

この法律は、環境の保全について基本理念を定め、環境の保全に関する施策の基本となる事項を定めることにより、その施策を総合的かつ計画的に推進し、もって現在および将来の国民の健康で文化的な生活の確保に寄与すると共に人類の福祉に貢献することを目的とするとうたわれている。

図9.1に環境基本法と水質汚濁防止法の法体系を示す。

環境基準

環境基本法第16条第1項では「政府は、大気の汚染、水質の汚濁、土壌の汚染及び騒音に係る環境上の条件について、それぞれ、人の健康を保護し、及び生活環境を保全する上で維持されることが望ましい基準を定めるものとする」と規定している。水質汚濁にかかわる環境基準は、この規定に基づき設定されたものである。

水の環境基準は、水質の汚濁の防止対策を実施するにあたり、「どの程度に保つことを目標に施策を実施していくか」を判断するための基準である。

人の健康にかかわる水質項目

環境基準のうち、人の健康の保護に関する項目は、すべての公共用水域について一律に定められており、直ちに達成し維持するよう務めるものとされている。これは1971（昭46）年12月にカドミウムほか8項目が告示され、その後、1975（昭50）年にPCBの追加、1989（平元）年にトリクロロエチレン等の追加、シマジン等農薬の追加、1999（平11）年2月に、硝酸性窒素および亜硝酸性窒素、フッ素、ホウ素の追加を経て、2009（平21）年11月30日に1.4-ジオキサンが追加され、全部で27項目となった（**表9.1**）。

このうち、フッ素、ホウ素については海域において自然状態で、すでに環境基準値を超えていることから、この環境基準は海域には適用されない。

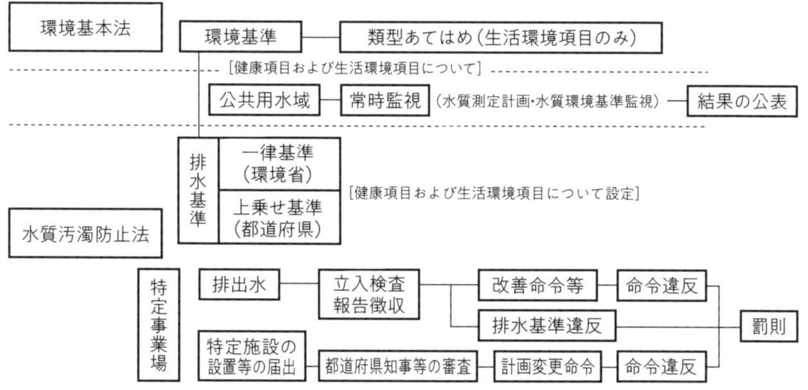

図9.1 環境基本法と水質汚濁防止法における排水規制の体系

表9.1 人の健康の保護に関する環境基準[1]

項目	基準値	項目	基準値
カドミウム	0.003mg/L以下	1,1,1-トリクロロエタン	1mg/L以下
全シアン	検出されないこと	1,1,2-トリクロロエタン	0.006mg/L以下
鉛	0.01mg/L以下	トリクロロエチレン	0.01mg/L以下
六価クロム	0.05mg/L以下	テトラクロロエチレン	0.01mg/L以下
ヒ素	0.01mg/L以下	1,3-ジクロロプロペン	0.002mg/L以下
総水銀	0.0005mg/L以下	チウラム	0.006mg/L以下
アルキル水銀	検出されないこと	シマジン	0.003mg/L以下
PCB	検出されないこと	チオベンカルブ	0.02mg/L以下
ジクロロメタン	0.02mg/L以下	ベンゼン	0.01mg/L以下
四塩化炭素	0.002mg/L以下	セレン	0.01mg/L以下
1,2-ジクロロエタン	0.004mg/L以下	硝酸性窒素および亜硝酸性窒素	10mg/L以下
1,1-ジクロロエチレン	0.1mg/L以下	ふっ素	0.8mg/L以下
シス-1,2-ジクロロエチレン	0.04mg/L以下	ほう素	1mg/L以下
		1,4-ジオキサン	0.05mg/L以下

9.2 環境基準：生活環境にかかわる水質項目

生活環境にかかわる水質項目

環境基準のうち生活環境にかかわる環境基準は河川、湖沼、海域ごとに利用目的等に応じて、それぞれ水域類型の指定が行われ、各水域ごとに達成期間を示して、その達成、維持を図ることとされている。すなわち、水質汚濁の防止を図る必要のある公共用水域を対象として、各水域ごとに類型をあてはめていく方式である。各公共用水域が該当する水域類型の指定は「環境基準に係る水域及び地域の指定権限の委任に関する政令」に基づき環境大臣もしくは都道府県知事が行うことになっている。

①河川の環境基準：河川の環境基準は、水素イオン濃度、生物化学的酸素要求量、浮遊物質、溶存酸素、大腸菌群数、全亜鉛、**ノニルフェノール**、**直鎖アルキルベンゼンスルホン酸**およびその塩の8項目について定められており、水域類型は水素イオン濃度以下5項目に関する環境基準として6区分に（**表9.2**）、全亜鉛、ノニルフェノール、直鎖アルキルベンゼンスルホン酸およびその塩に関する環境基準は、4区分（**表9.3**）にそれぞれ設定されている。

②湖沼の環境基準：湖沼の環境基準は水素イオン濃度、生物化学的酸素要求量、浮遊物質、溶存酸素、大腸菌群数、全窒素、全リン、全亜鉛、ノニルフェノール、直鎖アルキルベンゼンスルホン酸およびその塩、**底層溶存酸素量**の11項目について定められている。

水域類型は、水素イオン濃度以下5項目に関する環境基準は4区分（**表9.4**）に、全窒素、全リンに関する環境基準は5区分（**表9.5**）に、全亜鉛、ノニルフェノール、直鎖アルキルベンゼンスルホン酸およびその塩に関する環境基準は4区分（**表9.6**）に、底層溶存酸素量に関する環境基準は3区分（**表9.7**）にそれぞれ設定されている。

③海域の環境基準：海域の環境基準は水素イオン濃度、化学的酸素要求量、溶存酸素量、大腸菌群数、ノルマルヘキサン抽出物質、全窒素、全リン、全亜鉛、ノニルフェノール、直鎖アルキルベンゼンスルホン酸およびその塩、底層溶存酸素量の11項目について定められている。水域類型は水素イオン濃度以下5項目に関する環境基準は3区分（**表9.8**）に、全窒素、全リンに関する環境基準は4区分（**表9.9**）に、全亜鉛、ノニルフェノール、直鎖アルキルベンゼンスルホン酸およびその塩に関する環境基準は2区分（**表9.10**）

に、底層溶存酸素量に関する環境基準は3区分（**表9.11**）にそれぞれ設定されている。

表9.2 河川（湖沼を除く）の環境基準（ア）[2]

類型	利用目的の適応性	基準値				
		水素イオン濃度（pH）	化学的酸素要求量（BOD）	浮遊物質量（SS）	溶存酸素量（DO）	大腸菌群数
AA	水道1級 自然環境保全およびA以下の欄に掲げるもの	6.5以上 8.5以下	1mg/L以下	25mg/L以下	7.5mg/L以上	50MPN/100mL以下
A	水道2級 水産1級 水浴およびB以下の欄に掲げるもの	6.5以上 8.5以下	2mg/L以下	25mg/L以下	7.5mg/L以上	1,000MPN/100mL以下
B	水道3級 水産2級 およびC以下の欄に掲げるもの	6.5以上 8.5以下	3mg/L以下	25mg/L以下	5.0mg/L以上	5,000MPN/100mL以下
C	水産3級 工業用水1級 およびD以下の欄に掲げるもの	6.5以上 8.5以下	5mg/L以下	50mg/L以下	5.0mg/L以上	—
D	工業用水2級 農業用水 およびE以下の欄に掲げるもの	6.0以上 8.5以下	8mg/L以下	100mg/L以下	2.0mg/L以上	—
E	工業用水3級 環境保全	6.0以上 8.5以下	10mg/L以下	ごみ等の浮遊が認められないこと	2.0mg/L以上	—

備考
1 基準値は、日間平均値とする（湖沼、海域もこれに準ずる）。
2 農業用利水点については、水素イオン濃度6.0以上7.5以下、溶存酸素量5mg/L以上とする（湖沼、海域もこれに準ずる）。

（注）
1 自然環境保全：自然探勝等の環境保全
2 水道1級　：ろ過等による簡易な浄水操作を行うもの
　水道2級　：沈殿ろ過等による通常の浄水操作を行うもの
　水道3級　：前処理等を伴う高度の浄水操作を行うもの
3 水産1級　：ヤマメ、イワナ等貧腐水性水域の水産生物用並びに水産2級および水産3級の水産生物用
　水産2級　：サケ科魚類およびアユ等貧腐水性水域の水産生物用および水産3級の水産生物用
　水産3級　：コイ、フナ等、β-中腐水性水域の水産生物用
4 工業用水1級：沈殿等による通常の浄水操作を行うもの
　工業用水2級：薬品注入等による高度の浄水操作を行うもの
　工業用水3級：特殊な浄水操作を行うもの
5 環境保全　：国民の日常生活（沿岸の遊歩等を含む）において不快感を生じない限度

表9.3 河川（湖沼を除く）の環境基準（イ）[3]

項目／類型	水生生物の生息状況の適応性	基準値		
		全亜鉛	ノニルフェノール	直鎖アルキルベンゼンスルホン酸およびその塩
生物A	イワナ、サケマス等比較的低温域を好む水生生物およびこれらの餌生物が生息する水域	0.03mg/L以下	0.001mg/L以下	0.03mg/L以下
生物特A	生物Aの水域のうち、生物Aの欄に掲げる水生生物の産卵場（繁殖場）または幼稚仔の生育場として特に保全が必要な水域	0.03mg/L以下	0.0006mg/L以下	0.02mg/L以下
生物B	コイ、フナ等比較的高温域を好む水生生物およびこれらの餌生物が生息する水域	0.03mg/L以下	0.002mg/L以下	0.05mg/L以下
生物特B	生物Aまたは生物Bの水域のうち、生物Bの欄に掲げる水生生物の産卵場（繁殖場）または幼稚仔の生育場として特に保全が必要な水域	0.03mg/L以下	0.002mg/L以下	0.04mg/L以下

備考
1 基準値は、年間平均値とする（湖沼、海域もこれに準ずる）。

表9.4 湖沼の環境基準（ア）[4]

※天然湖沼および貯水量1,000万m^3以上であり、かつ、水の滞留時間が4日間以上である人口湖

類型	利用目的の適応性	基準値				
		水素イオン濃度（pH）	化学的酸素要求量（COD）	浮遊物質量（SS）	溶存酸素量（DO）	大腸菌群数
AA	水道1級 水産1級 自然環境保全およびA以下の欄に掲げるもの	6.5以上 8.5以下	1mg/L以下	1mg/L以下	7.5mg/L以上	50MPN/100mL以下
A	水道2、3級 水産2級 水浴およびB以下の欄に掲げるもの	6.5以上 8.5以下	3mg/L以下	5mg/L以下	7.5mg/L以上	1,000MPN/100mL以下

類型	利用目的の適応性	基準値				
		水素イオン濃度(pH)	化学的酸素要求量(COD)	浮遊物質量(SS)	溶存酸素量(DO)	大腸菌群数
B	水産3級 工業用水1級 農業用水およびCの欄に掲げるもの	6.5以上 8.5以下	5mg/L 以下	15mg/L 以下	5mg/L 以上	—
C	工業用水2級 環境保全	6.0以上 8.5以下	8mg/L 以下	ごみ等の浮遊が認められないこと	2mg/L 以上	—

備考
水産1、2、3級については、当分の間、浮遊物質量の項目の基準値は適用しない。

(注)
1　自然環境保全：自然探勝等の環境保全
2　水道1級　　：ろ過等による簡易な浄水操作を行うもの
　 水道2、3級 ：沈殿ろ過等による通常の浄水操作、または、前処理等を伴う高度の浄水操作を行う
3　水産1級　　：ヒメマス等貧栄養湖型の水域の水産生物用並びに水産2級および水産3級の生物用
　 水産2級　　：サケ科魚類およびアユ等貧栄養湖型の水域の水産生物用および水産3級の水産生物
　 水産3級　　：コイ、フナ等富栄養湖型の水域の水産生物用
4　工業用水1級：沈殿等による通常の浄水操作を行うもの
　 工業用水2級：薬品注入等による高度の浄水操作、または、特殊な浄水操作を行うもの
5　環境保全　　：国民の日常生活(沿岸の遊歩等を含む)において不快感を生じない限度

表9.5 湖沼の環境基準(イ)[5]

※天然湖沼および貯水量1,000万m^3以上であり、かつ、水の滞留時間が4日間以上である人口湖

類型	利用目的の適応性	基準値	
		全窒素	全リン
I	自然環境保全およびII以下の欄に掲げるもの	0.1mg/L 以下	0.005mg/L 以下
II	水道1、2、3級(特殊なものを除く) 水産1種、水浴およびIII以下の欄に掲げるもの	0.2mg/L 以下	0.01mg/L 以下
III	水道3級(特殊なもの)およびIV以下の欄に掲げるもの	0.4mg/L 以下	0.03mg/L 以下
IV	水産2種およびVの欄に掲げるもの	0.6mg/L 以下	0.05mg/L 以下
V	水産3種、工業用水、農業用水、環境保全	1mg/L 以下	0.1mg/L 以下

備考
1　基準値は年間平均値とする。

2 水域類型の指定は、湖沼植物プランクトンの著しい増殖を生ずる恐れがある湖沼について行うものとし、全窒素の基準値は、全窒素が湖沼植物プランクトンの増殖の要因となる湖沼について適用する。
3 農業用水については、全リンの基準値は適用しない。

(注)
1 自然環境保全：自然探勝等の環境保全
2 水道1級　：ろ過等による簡易な浄水操作を行うもの
　水道2級　：沈殿ろ過等による通常の浄水操作を行うもの
　水道3級　：前処理等を伴う高度の浄水操作を行うもの(「特殊なもの」とは、臭気物質の除去が可能な浄水操作を行うものをいう)
3 水産1級　：サケ科魚類およびアユ等貧栄養湖型の水域の水産生物用および水産2、3種の水産生物用
　水産2級　：ワカサギ等の水産生物用および水産3種の水産生物用
　水産3級　：コイ、フナ等の水産生物用
4 環境保全　：国民の日常生活(沿岸の遊歩等を含む)において不快感を生じない限度

表9.6 湖沼の環境基準(ウ)[6]

※天然湖沼および貯水量1,000万m^3以上であり、かつ、水の滞留時間が4日間以上である人口湖

項目／類型	水生生物の生息状況の適応性	基準値		
		全亜鉛	ノニルフェノール	直鎖アルキルベンゼンスルホン酸およびその塩
生物A	イワナ、サケマス等比較的低温域を好む水生生物およびこれらの餌生物が生息する水域	0.03mg/L以下	0.001mg/L以下	0.03mg/L以下
生物特A	生物Aの水域のうち、生物Aの欄に掲げる水生生物の産卵場(繁殖場)または幼稚仔の生育場として特に保全が必要な水域	0.03mg/L以下	0.0006mg/L以下	0.02mg/L以下
生物B	コイ、フナ等比較的高温域を好む水生生物およびこれらの餌生物が生息する水域	0.03mg/L以下	0.002mg/L以下	0.05mg/L以下
生物特B	生物Aまたは生物Bの水域のうち、生物Bの欄に掲げる水生生物の産卵場(繁殖場)または幼稚仔の生育場として特に保全が必要な水域	0.03mg/L以下	0.002mg/L以下	0.04mg/L以下

備考
1 基準値は、年間平均値とする(湖沼、海域もこれに準ずる)。

表9.7 湖沼の環境基準（エ）[7]

※天然湖沼および貯水量1,000万m^3以上であり、かつ、水の滞留時間が4日間以上である人口湖

類型＼項目	水生生物の生息・再生産する場の適応性	基準値 底層溶存酸素量
生物1	生息段階において貧酸素耐性の低い水生生物が生息できる場を保全・再生する水域または再生産段階において貧酸素耐性の低い水生生物が再生産できる場を保全・再生する水域	4.0mg/L以上
生物2	生息段階において貧酸素耐性の低い水生生物を除き、水生生物が生息できる場を保全・再生する水域または再生産段階において貧酸素耐性の低い水生生物を除き、水生生物が再生産できる場を保全・再生する水域	3.0mg/L以上
生物3	生息段階において貧酸素耐性の高い水生生物が生息できる場を保全・再生する水域、再生産段階において貧酸素耐性の高い水生生物が再生産できる場を保全・再生する水域または無生物域を解消する水域	2.0mg/L以上

備考

1　基準値は、日間平均値とする。

表9.8 海域の環境基準（ア）[8]

類型	利用目的の適応性	基準値				
		水素イオン濃度（pH）	化学的酸素要求量（COD）	溶存酸素量（DO）	大腸菌群数	n-ヘキサン抽出物質（油分等）
A	水産1級 水浴 自然環境保全およびB以下の欄に掲げるもの	7.8以上 8.3以下	2mg/L 以下	7.5mg/L 以上	1,000 MPN/ 100mL 以下	検出されないこと
B	水産2級 工業用水およびCの欄に掲げるもの	7.8以上 8.3以下	3mg/L 以下	5.0mg/L 以上	―	検出されないこと
C	環境保全	7.0以上 8.3以下	8mg/L 以下	2.0mg/L 以上	―	―

備考

水産1級のうち、生食用原料カキの養殖の利水点については、大腸菌群数70MPN/100mL以下とする。

（注）

1　自然環境保全：自然探勝等の環境保全

2　水産1級　　：マダイ、ブリ、ワカメ等の水産生物用および水産2級の水産生物用

　水産2級　　：ボラ、ノリ等の水産生物用

　水産3級　　：コイ、フナ等、β-中腐水性水域の水産生物用

3　環境保全　　：国民の日常生活（沿岸の遊歩等を含む）において不快感を生じない限度

表9.9 海域の環境基準（イ）[9]

類型	利用目的の適応性	基準値	
		全窒素	全リン
I	自然循環保全およびII以下の欄に掲げるもの （水産2種および3種を除く）	0.2mg/L 以下	0.02mg/L 以下
II	水産1種 水浴およびIII以下の欄に掲げるもの （水産2種および3種を除く）	0.3mg/L 以下	0.03mg/L 以下
III	水産2種およびIV以下の欄に掲げるもの （水産3種を除く）	0.6mg/L 以下	0.05mg/L 以下
IV	水産3種 工業用水 生物生息環境保全	1mg/L 以下	0.09mg/L 以下

備考
1 基準値は年間平均値とする。
2 水域類型の指定は、海洋植物プランクトンの著しい増加を生ずる恐れがある海域について行うものとする。

（注）
1 自然環境保全 ：自然探勝等の環境保全
2 水産1級 ：生魚介類を含めたような水産生物がバランスよく、かつ、安定して漁獲される
　水産2級 ：一部の底生魚介類を除き、魚類を中心とした水産生物が多獲される
　水産3級 ：汚染に強い特定の水産生物が主に漁獲される
3 生物生息環境保全：年間を通して底生生物が生息できる限度

表9.10 海域の環境基準（ウ）[10]

項目／類型	水生生物の生息状況の適応性	基準値		
		全亜鉛	ノニルフェノール	直鎖アルキルベンゼンスルホン酸およびその塩
生物A	水生生物の生息する水域	0.02mg/L 以下	0.001mg/L 以下	0.01mg/L 以下
生物特A	生物Aの水域のうち、水生生物の産卵場（繁殖場）または幼稚仔の生育場として特に保全が必要な水域	0.01mg/L 以下	0.0007mg/L以下	0.006mg/L 以下

表9.11 海域の環境基準（エ）[11]

項目 / 類型	水生生物の生息・再生産する場の適応性	基準値
		底層溶存酸素量
生物1	生息段階において貧酸素耐性の低い水生生物が生息できる場を保全・再生する水域または再生産段階において貧酸素耐性の低い水生生物が再生産できる場を保全・再生する水域	4.0mg/L以上
生物2	生息段階において貧酸素耐性の低い水生生物を除き、水生生物が生息できる場を保全・再生する水域または再生産段階において貧酸素耐性の低い水生生物を除き、水生生物が再生産できる場を保全・再生する水域	3.0mg/L以上
生物3	生息段階において貧酸素耐性の高い水生生物が生息できる場を保全・再生する水域、再生産段階において貧酸素耐性の高い水生生物が再生産できる場を保全・再生する水域または無生物域を解消する水域	2.0mg/L以上

備考
1 基準値は、日間平均値とする。

用語解説

ノニルフェノール ▸ 示性式は$C_6H_4(OH)C_9H_{19}$で示され、プロピレンの三量体のノネンとフェノールの反応により工業的に合成される。そのうち、約6割が界面活性剤用途である。淡水域での検出率は10%を超える。内分泌かく乱作用を持つ可能性が疑われている。

直鎖アルキルベンゼンスルホン酸 ▸ 直鎖アルキルベンゼンスルホン酸は、通常はナトリウム等との塩として流通している。直鎖アルキルベンゼンスルホン酸塩（LAS）の主な用途は、約8割が家庭用洗剤、2割弱が業務用洗浄剤である。1960年代に河川の発泡問題を引き起こしたアルキルベンゼンスルホン酸塩（ABS）に代わって、生分解性に優れるLASが用いられるようになった。生分解性に優れ環境負荷は相対的に低いと考えられるが、生産量が多い界面活性剤の一つであり、淡水域での検出率は30%を超える。また底質中におけるLASの分解速度は、水中よりも2桁以上遅いという報告もある。

底層溶存酸素量 ▸ 底層における溶存酸素量は底層を利用する生物の生息・再生産にとって特に重要な要素の一つである。閉鎖性海域では特に湾奥で夏季に底層溶存酸素量が低下しやすい。底層溶存酸素量が一定レベル以下まで低下すると、それ自体が底層を利用する水生生物の生息を困難にさせる上、硫化水素の発生による水生生物の大量斃死を引き起こしたり、底質から栄養塩が溶出することによる富栄養化が促進される等のリスクがある。湖沼についても同様のリスクがある。

MPN ▸ 最確数（Most Probable Number）。大腸菌の濃度を示すのに用いられる数値で、微生物の絶対的濃度であるだけでなく、その濃度の統計的推定である。

9.3 環境基準項目の後続グループ

要監視項目

先に述べた環境基準項目とは別に、「要監視項目」と名付けた環境基準項目の後続グループが存在する。要監視項目には、人の健康の保護に関連する項目と、水生生物の保全に係る項目がある。

人の健康の保護に係る物質としては、「人の健康の保護に関連する物質ではあるが、公共用水域等における検出状況等からみて、直ちに環境基準とはせず、引き続き知見の集積に努めるべきもの」として、1993（平5）年3月に設定された。最新の改定版（2009年11月）では26項目が設定されている（**表9.12**）。この中でニッケルは、毒性評価が不確定であるため指針値は削除されているが、ある程度の毒性があることはわかっているため、監視は続けることになっている。

また、水生生物の保全に係る項目としては、「生活環境を構成する有用な水生生物及びその餌生物並びにそれらの生息又は生育環境の保全に関連する物質ではあるが、公共用水域等における検出状況等からみて、直ちに環境基準とはせず、引き続き知見の集積に努めるべきもの」として2003（平15）年11月に設定された。最新の改定版（2013年3月）では6項目が設定されている（**表9.13**）。

要調査項目

要調査項目とは、個別物質ごとの「水環境リスク」は比較的大きくない、または不明であるが、環境中での検出状況や複合影響等の観点からみて、「水環境リスク」に関する知見の集積が必要な物質として、1998（平10）年6月に選定された。最新の改定版（2014年3月）では208物質群が選定されている。

要調査項目については、毒性情報等の収集、水環境中の存在状況実態調査等を通じて、新たな知見の集積に努めると共に、毒性情報等や水環境中の存在に係る新たな知見等を踏まえて、柔軟に見直していく予定とされている。

表9.12 要監視項目および指針値（人の健康に係る項目）[12]

項目	指針値	項目	指針値
クロロホルム	0.06mg/L以下	フェノブカルブ（BPMC）	0.03mg/L以下
トランス-1,2-ジクロロエチレン	0.04mg/L以下	イプロベンホス（IBP）	0.008mg/L以下
1,2-ジクロロプロパン	0.06mg/L以下	クロルニトロフェン（CNP）	― ※1
p-ジクロロベンゼン	0.2mg/L以下	トルエン	0.6mg/L以下
イソキサチオン	0.008mg/L以下	キシレン	0.4mg/L以下
ダイアジノン	0.005mg/L以下	フタル酸ジエチルヘキシル	0.06mg/L以下
フェニトロチオン（MEP）	0.003mg/L以下	ニッケル	― ※2
イソプロチオラン	0.04mg/L以下	モリブデン	0.07mg/L以下
オキシン銅（有機銅）	0.04mg/L以下	アンチモン	0.02mg/L以下
クロロタロニル（TPN）	0.05mg/L以下	塩化ビニルモノマー	0.002mg/L以下
プロピザミド	0.008mg/L以下	エピクロロヒドリン	0.0004mg/L以下
EPN	0.006mg/L以下	全マンガン	0.2mg/L以下
ジクロルボス（DDVP）	0.008mg/L以下	ウラン	0.002mg/L以下

※1　クロルニトロフェン（CNP）の指針値は、平成6年3月15日付け環水管第43号で削除された。
※2　ニッケルの指針値は、平成11年2月22日付け環告第14号で削除された。

表9.13 要監視項目および指針値（水生生物の保全に係る項目）[13]

物質名	水域	類型	指針値〔mg/L〕
クロロホルム	淡水域	生物A	0.7
		生物特A	0.006
		生物B	3
		生物特B	3
	海域	生物A	0.8
		生物特A	0.8
フェノール	淡水域	生物A	0.05
		生物特A	0.01
		生物B	0.08
		生物特B	0.01
	海域	生物A	2
		生物特A	0.2

物質名	水域	類型	指針値〔mg/L〕
ホルムアルデヒド	淡水域	生物A	1
		生物特A	1
		生物B	1
		生物特B	1
	海域	生物A	0.3
		生物特A	0.03
4-t-オクチルフェノール	淡水域	生物A	0.001
		生物特A	0.0007
		生物B	0.004
		生物特B	0.003
	海域	生物A	0.0009
		生物特A	0.0004
アニリン	淡水域	生物A	0.02
		生物特A	0.02
		生物B	0.02
		生物特B	0.02
	海域	生物A	0.1
		生物特A	0.1
2,4-ジクロロフェノール	淡水域	生物A	0.03
		生物特A	0.003
		生物B	0.03
		生物特B	0.02
	海域	生物A	0.02
		生物特A	0.01

備考

・水生生物の保全に係る要監視項目の水域類型

○河川および湖沼

類型＼項目	水生生物の生息状況の適応性
生物A	イワナ、サケマス等比較的低温域を好む水生生物およびこれらの餌生物が生息する水域
生物特A	生物Aの水域のうち、生物Aの欄に掲げる水生生物の産卵場（繁殖場）または幼稚仔の生育場として特に保全が必要な水域
生物B	コイ、フナ等比較的高温域を好む水生生物およびこれらの餌生物が生息する水域
生物特B	生物Aまたは生物Bの水域のうち、生物Bの欄に掲げる水生生物の産卵場（繁殖場）または幼稚仔の生育場として特に保全が必要な水域

○海域

類型＼項目	水生生物の生息状況の適応性
生物A	水生生物の生息する水域
生物特A	生物Aの水域のうち、水生生物の産卵場（繁殖場）または幼稚仔の生育場として特に保全が必要な水域

9.4 水質汚濁防止法

水質汚濁防止法は、環境基本法の規定に基づく国の施策の一環としての排水規制を定めたものであり、工場および事業場から公共用水域に排出される水の排出および地下に浸透する水の浸透を規制すると共に、生活排水対策の実施を推進すること等により、公共用水域および地下水の水質汚濁の防止を図り、国民の健康を保護し、生活環境を保全すると共に、人の健康に被害があった場合における事業者の損害賠償の責任を定めることにより、被害者の保護を図ることを目的として、1970（昭45）年12月に制定され、1971（昭46）年6月から施行された。

規制対象となる工場、事業場

水質汚濁防止法で規制の対象となるのは、特定施設を設置している工場、事業場から公共用水域に排出する水および地下浸透する水である。公共用水域とは、終末処理場を有する公共下水道、流域下水道を除く、すべての公共用水域であり、河川、湖沼、港湾、沿岸海域、その他公共の用に供される水域およびこれに接続する公共溝渠、かんがい用水路である。

特定施設とは、有害物質または生活環境項目に係る物質を含む廃液を排出する施設であって、政令で定めるものである。現在、水質汚濁防止施行令（最終改定：2018年10月）の別表第一で該当する施設が指定されており、水質汚濁の防止を図る上で規制する必要のある施設は、ほぼ網羅されている。

排水基準と上乗せ基準

排水基準は、特定事業場から公共用水域に排出する水の規制を行うにあたって、汚染状態の許容限度を定めたものであり、国が総理府令で定め、一律に適用される基準と、都道府県が適用する水域を指定して、条例で定める上乗せ基準がある。一律基準には、一般基準と特定の業種に限定して、一般基準に代えて暫定適用する暫定基準がある。一般基準は、省令（最終改定：2018年8月）で、さらにカドミウム等の28項目の健康項目と生物化学的酸素消費量（BOD）等15項目の生活環境項目に分けて指定されている（**表9.14、表9.15**）。

健康項目に係る基準は、すべての特定事業場に一律に適用され、生活環境項目に係る基準は、1日当たりの平均排水量が、50m^{3}以上の特定事業場に適用される。

9

表9.14 有害物関係一覧[14]

有害物質の種類	許容限度
カドミウムおよびその化合物	0.03mg/L
シアン化合物	1mg/L
有機リン化合物(パラチオン、メチル パラチオン、メチルジメトンおよびEPN に限る)	1mg/L
鉛およびその化合物	0.1mg/L
六価クロム化合物	0.5mg/L
ヒ素およびその化合物	0.1mg/L
水銀およびアルキル水銀その他の水銀化合物	0.005mg/L
アルキル水銀化合物	検出されないこと
ポリ塩化ビフェニル	0.003mg/L
トリクロロエチレン	0.1mg/L
テトラクロロエチレン	0.1mg/L
ジクロロメタン	0.2mg/L
四塩化炭素	0.02mg/L
1,2-ジクロロエタン	0.04mg/L
1,1-ジクロロエチレン	1mg/L
シス-1,2-ジクロロエチレン	0.4mg/L
1,1,1-トリクロロエタン	3mg/L
1,1,2-トリクロロエタン	0.06mg/L
1,3-ジクロロプロペン	0.02mg/L
チウラム	0.06mg/L
シマジン	0.03mg/L
チオベンカルブ	0.2mg/L
ベンゼン	0.1mg/L
セレンおよびその化合物	0.1mg/L
ほう素およびその化合物	海域以外10mg/L
	海域230mg/L
ふっ素およびその化合物	海域以外8mg/L
	海域15mg/L
アンモニア、アンモニウム化合物亜硝酸化合物および硝酸化合物	(※) 100mg/L
1,4-ジオキサン	0.5mg/L

(※) アンモニア性窒素に0.4を乗じたもの。亜硝酸性窒素および硝酸性窒素の合計量。

備考

1 「検出されないこと」とは、第2条の規定に基づき環境大臣が定める方法により排出水の汚染状態を検定した場合において、その結果が当該検定方法の定量限界を下回ることをいう。

2 ヒ素およびその化合物についての排水基準は、水質汚濁防止法施行令及び廃棄物の処理及び清掃に関する法律施行令の一部を改正する政令(昭和49年政令第363号)の施行の際現にゆう出している温泉(温泉法(昭和23年法律第125号)第2条第1項に規定するものをいう。以下同じ)を利用する旅館業に属する事業場に係る排出水については、当分の間、適用しない。

表9.15 生活環境項目関係[14]

生活環境項目	許容限度
水素イオン濃度（pH）	海域以外5.8-8.6
	海域5.0-9.0
生物化学的酸素要求量（BOD）	160mg/L（日間平均120mg/L）
化学的酸素要求量（COD）	160mg/L（日間平均120mg/L）
浮遊物質量（SS）	200mg/L（日間平均150mg/L）
ノルマルヘキサン抽出物質含有量（鉱油類含有量）	5mg/L
ノルマルヘキサン抽出物質含有量（動植物油脂類含有量）	30mg/L
フェノール類含有量	5mg/L
銅含有量	3mg/L
亜鉛含有量	2mg/L
溶解性鉄含有量	10mg/L
溶解性マンガン含有量	10mg/L
クロム含有量	2mg/L
大腸菌群数日間平均	3,000個/cm^3
窒素含有量	120mg/（日間平均60mg/L）
リン含有量	16mg/L（日間平均8mg/L）

備考

1 「日間平均」による許容限度は、1日の排出水の平均的な汚染状態について定めたものである。
2 この表に掲げる排水基準は、1日当たりの平均的な排出水の量が50m^3以上である工場または事業場に係る排出水について適用する。
3 水素イオン濃度および溶解性鉄含有量についての排水基準は、硫黄鉱業（硫黄と共存する硫化鉄鉱を掘採する鉱業を含む）に属する工場または事業場に係る排出水については適用しない。
4 水素イオン濃度、銅含有量、亜鉛含有量、溶解性鉄含有量、溶解性マンガン含有量およびクロム含有量についての排水基準は、水質汚濁防止法施行令及び廃棄物の処理及び清掃に関する法律施行令の一部を改正する政令の施行の際現にゆう出している温泉を利用する旅館業に属する事業場に係る排出水については、当分の間、適用しない。
5 生物化学的酸素要求量についての排水基準は、海域および湖沼以外の公共用水域に排出される排出水に限って適用し、化学的酸素要求量についての排水基準は、海域および湖沼に排出される排出水に限って適用する。
6 窒素含有量についての排水基準は、窒素が湖沼植物プランクトンの著しい増殖をもたらす恐れがある湖沼として環境大臣が定める湖沼、海洋植物プランクトンの著しい増殖をもたらす恐れがある海域（湖沼であって水の塩素イオン含有量が1リットルにつき9,000mgを超えるものを含む。以下同じ）として環境大臣が定める海域およびこれらに流入する公共用水域に排出される排出水に限って適用する。
7 リン含有量についての排水基準は、リンが湖沼植物プランクトンの著しい増殖をもたらす恐れがある湖沼として環境大臣が定める湖沼、海洋植物プランクトンの著しい増殖をもたらす恐れがある海域として環境大臣が定める海域およびこれらに流入する公共用水域に排出される排出水に限って適用する。

※「環境大臣が定める湖沼」＝昭60環告27（窒素含有量または燐含有量についての排水基準に係る湖沼）
「環境大臣が定める海域」＝平5環告67（窒素含有量または燐含有量についての排水基準に係る海域）

9.5 下水道法

この法律は、流域別下水道整備総合計画の策定に関する事項並びに公共下水道、流域下水道および都市下水路の設置その他管理の基準を定めて、下水道の整備を図り、それにより都市の健全な発達および公衆衛生の向上に寄与し、併せて公共用水域の水質の保全に役立てることを目的にして、1958(昭33)年に制定され、1959(昭34)年4月から施行された。

放流水の基準　下水道が公共用水域の水質保全に役立つためには、下水道から河川や海域へ放流される水の水質管理を適正に行わなければならない。そのため、下水道法により一定の基準を満たさなければならないとされている。

この放流水の水質の技術上の基準を**表9.16**、**表9.17**に示す。

流入水の基準　継続して下水を排除して公共下水道を使用しようとする、水質汚濁防止法に規定する特定施設(9.4節参照)またはダイオキシン類対策特別措置法に規定する水質基準対象施設が設置される工場または事業場を、「特定事業場」という。下水処理場における現在の処理方法は、有機物を主にしたものであり、重金属を含む汚水は処理できない。そのため特定事業場から下水道に流入する排水には、水質基準が定められている(**表9.18**)。

また、有機物の高汚濁物質についても処理が困難であるため、放流水の水質基準を満たすためには、流入水の水質規制が必要である。公共下水道管理者は、政令で定める基準(**表9.19**)に従い、下水道施設の機能を妨げ、または施設を損傷する恐れのある下水を継続して排除して公共下水道を使用する者に対し、下水による障害を除去するために必要な施設(以下「除害施設」という。)を設け、または必要な措置をしなければならない旨を条例で定めることができる。公共下水道管理者は、政令で定められる物質・項目に対して除害施設の水質基準を条例で定めることができるが、政令で定める基準(**表9.20**)より厳しいものであってはならない。特定事業場に関しては、表9.18で定める物質に係るものを除き、公共下水道管理者は、特定事業場から公共下水道に排除される下水の水質の基準を条例で定めることができるが、政令で定める基準(**表9.21**)より厳しいものであってはならない。

表9.16 放流水の水質の技術上の基準[15]

項目		技術上の基準
一	水素イオン濃度	水素指数5.8以上、8.6以下
二	大腸菌群数	1cm^{3}につき3,000個以下
三	浮遊物質量	1Lにつき40mg以下
四	生物化学的酸素要求量、窒素含有量およびリン含有量	表9.17に掲げる計画放流水質に適合する数値（下水道法施行令第5条の5第2項）

表9.17 処理施設の構造の技術上の基準[16]

計画放流水質			方法
生物化学的酸素要求量（単位　1Lにつき5日間にmg）	窒素含有量（単位　1Lにつきmg）	リン含有量（単位　1Lにつきmg）	
10以下	10以下	0.5以下	循環式硝化脱窒型膜分離活性汚泥法（凝集剤を添加して処理するものに限る）または嫌気無酸素好気法（有機物および凝集剤を添加して処理するものに限る）に急速濾過法を併用する方法
		0.5を超え1以下	循環式硝化脱窒型膜分離活性汚泥法（凝集剤を添加して処理するものに限る）、嫌気無酸素好気法（有機物および凝集剤を添加して処理するものに限る）に急速濾過法を併用する方法または循環式硝化脱窒法（有機物および凝集剤を添加して処理するものに限る）に急速濾過法を併用する方法
		1を超え3以下	循環式硝化脱窒型膜分離活性汚泥法（凝集剤を添加して処理するものに限る）、嫌気無酸素好気法（有機物を添加して処理するものに限る）に急速濾過法を併用する方法または循環式硝化脱窒法（有機物および凝集剤を添加して処理するものに限る）に急速濾過法を併用する方法
			循環式硝化脱窒型膜分離活性汚泥法、嫌気無酸素好気法（有機物を添加して処理するものに限る）に急速濾過法を併用する方法または循環式硝化脱窒法（有機物を添加して処理するものに限る）に急速濾過法を併用する方法
	10を超え20以下	1以下	嫌気無酸素好気法（凝集剤を添加して処理するものに限る）に急速濾過法を併用する方法または循環式硝化脱窒法（凝集剤を添加して処理するものに限る）に急速濾過法を併用する方法
		1を超え3以下	嫌気無酸素好気法に急速濾過法を併用する方法または循環式硝化脱窒法（凝集剤を添加して処理するものに限る）に急速濾過法を併用する方法
			嫌気無酸素好気法に急速濾過法を併用する方法または循環式硝化脱窒法に急速濾過法を併用する方法

計画放流水質			方法
生物化学的酸素要求量（単位 1Lにつき5日間にmg）	窒素含有量（単位 1Lにつきmg）	リン含有量（単位 1Lにつきmg）	
		1以下	嫌気無酸素好気法（凝集剤を添加して処理するものに限る）に急速濾過法を併用する方法または嫌気好気活性汚泥法（凝集剤を添加して処理するものに限る）に急速濾過法を併用する方法
		1を超え3以下	嫌気無酸素好気法に急速濾過法を併用する方法または嫌気好気活性汚泥法に急速濾過法を併用する方法
			標準活性汚泥法に急速濾過法を併用する方法
10を超え15以下	20以下	3以下	嫌気無酸素好気法または循環式硝化脱窒法（凝集剤を添加して処理するものに限る）
			嫌気無酸素好気法または循環式硝化脱窒法
			嫌気無酸素好気法または嫌気好気活性汚泥法
			標準活性汚泥法

表9.18 特定事業所からの下水の排除の制限に係る水質の基準[17]

物質	基準	物質	基準
カドミウムおよびその化合物	0.03mg/L以下	1,1,2-トリクロロエタン	0.06mg/L以下
シアン化合物	1mg/L以下	1,3-ジクロロプロペン	0.02mg/L以下
有機リン化合物	1mg/L以下	チウラム	0.06mg/L以下
鉛およびその化合物	0.1mg/L以下	シマジン	0.03mg/L以下
六価クロム化合物	0.5mg/L以下	チオベンカルブ	0.2mg/L以下
ヒ素およびその化合物	0.1mg/L以下	ベンゼン	0.1mg/L以下
水銀およびアルキル水銀その他の水銀化合物	0.005mg/L以下	セレンおよびその化合物	0.1mg/L以下
アルキル水銀化合物	検出されないこと	ほう素およびその化合物 海域以外の公共用水域に排出されるもの	10mg/L以下（海域に排出されるもの：230mg/L以下）
PCB	0.003mg/L以下	ふっ素およびその化合物 海域以外の公共用水域に排出されるもの	8mg/L以下（海域に排出されるもの：15mg/L以下）
トリクロロエチレン	0.1mg/L以下	1,4-ジオキサン	0.5mg/L以下
テトラクロロエチレン	0.1mg/L以下	フェノール類	5mg/L以下
ジクロロメタン	0.2mg/L以下	銅およびその化合物	3mg/L以下
四塩化炭素	0.02mg/L以下	亜鉛およびその化合物	2mg/L以下
1,2-ジクロロエタン	0.04mg/L以下	鉄およびその化合物（溶解性）	10mg/L以下

1,1-ジクロロエチレン	1mg/L以下	マンガンおよびその化合物（溶解性）	10mg/L以下
シス-1,2-ジクロロエチレン	0.4mg/L以下	クロムおよびその化合物（溶解性）	2mg/L以下
1,1,1-トリクロロエタン	3mg/L以下	ダイオキシン類	10pg-TEQ/L以下

表9.19 除外施設の設置等に関する条例の基準[18]

温度		45度以上あるもの
水素イオン濃度		水素指数5以下または9以上であるもの
ノルマルヘキサン抽出物質含有量	鉱油類含有量	5mg/Lを超えるもの
	動植物油脂類含有量	30mg/Lを超えるもの
よう素消費量		220mg/L以上であるもの

表9.20 除害施設の設置等に関する条例の基準[19]

項目		基準値	
		製造業、ガス供給業※	左記以外の場合
温度		40℃未満	45℃未満
アンモニア性窒素、亜硝酸性窒素および硝酸性窒素		125mg/L未満（注1） 条例で排水基準が定められている場合は、その排水基準の1.25倍とする	380mg/L未満（注1） 条例で排水基準が定められている場合は、その排水基準の3.8倍
水素イオン濃度（pH）		5.7を超え8.7未満	5を超え9未満
生物化学的酸素要求量（BOD）		300mg/L未満	600mg/L未満
浮遊物濃度（SS）		300mg/L未満	600mg/L未満
ノルマンヘキサン抽出物質含有量	イ．鉱油類含有量	−	5mg/L未満
	ロ．動植物油脂類含有量	−	30mg/L未満
窒素含有量		150mg/L未満（注2） 条例で排水基準が定められている場合は、その排水基準の1.25倍とする	240mg/L未満（注2） 条例で排水基準が定められている場合は、その排水基準の2倍とする
リン含有量		20mg/L未満（注2） 条例で排水基準が定められている場合は、その排水基準の1.25倍とする	32mg/L未満（注2） 条例で排水基準が定められている場合は、その排水基準の2倍とする

（注1）アンモニア性窒素、亜硝酸性窒素、硝酸性窒素については、水質汚濁防止法第3条第3項の規定による条例により、当該公共下水道からの放流水または当該流域下水道の放流水について排水基準が定められている場合にあっては、当該排水基準に係る数値に欄内の数値を乗じた数値とする。

（注2）窒素またはリン含有量について、水質汚濁防止法第3条第3項の規定による条例により、当該公共下水道からの放流水または当該流域下水道の放流水について排水基準が定められている場合にあっては、当該排水基準に係る数値に欄内の数値を乗じた数値とする。

※製造業またはガス供給業の施設からの汚水の合計量がその下水道の処理施設で処理される汚水の量の四分の一以上であり他の汚水により希釈されることができないと認められるとき、その他やむを得ない理由があるとき

表9.21 特定事業場からの下水の排除に係る水質の基準を定める条例の基準 [20]

項目		基準値		備考
		製造業、ガス供給業※	左記以外の場合	
アンモニア性窒素、亜硝酸性窒素および硝酸性窒素		125mg/L未満（注1）条例で排水基準が定められている場合は、その排水基準の1.25倍とする	380mg/L未満（注1）条例で排水基準が定められている場合は、その排水基準の3.8倍	・条例によって基準が設定される ・条例の基準は左記の基準より厳しいものであってはならない
水素イオン濃度（pH）		5.7を超え8.7未満	5を超え9未満	
生物化学的酸素要求量（BOD）		300mg/L未満	600mg/L未満	
浮遊物濃度（SS）		300mg/L未満	600mg/L未満	
ノルマンヘキサン抽出物質含有量	イ．鉱油類含有量	―	5mg/L未満	
	ロ．動植物油脂類含有量	―	30mg/L未満	
窒素含有量		150mg/L未満（注2）条例で排水基準が定められている場合は、その排水基準の1.25倍とする	240mg/L未満（注2）条例で排水基準が定められている場合は、その排水基準の2倍とする	
リン含有量		20mg/L未満（注2）条例で排水基準が定められている場合は、その排水基準の1.25倍とする	32mg/L未満（注2）条例で排水基準が定められている場合は、その排水基準の2倍とする	

（注1）アンモニア性窒素、亜硝酸性窒素、硝酸性窒素については、水質汚濁防止法第3条第3項の規定による条例により、当該公共下水道からの放流水または当該流域下水道の放流水について排水基準が定められている場合にあっては、当該排水基準に係る数値に欄内の数値を乗じた数値とする。

（注2）窒素またはリン含有量について、水質汚濁防止法第3条第3項の規定による条例により、当該公共下水道からの放流水または当該流域下水道の放流水について排水基準が定められている場合にあっては、当該排水基準に係る数値に欄内の数値を乗じた数値とする。

※製造業またはガス供給業の施設からの汚水の合計量がその下水道の処理施設で処理される汚水の量の四分の一以上であり他の汚水により希釈されることができないと認められるとき、その他やむを得ない理由があるとき

参考文献

第1章

［1］環境省「令和元年版 環境・循環型社会・生物多様性白書（PDF版）」，（https://www.env.go.jp/policy/hakusyo/r01/pdf.html），p.215

［2］国土交通省 国土技術政策総合研究所 下水道研究室 下水処理研究室ホームページ「B−DASHプロジェクト」（http://www.nilim.go.jp/lab/ecg/bdash/bdash.htm）

［3］国土交通省 水資源部ホームページ「水資源問題の原因」（http://www.mlit.go.jp/mizukokudo/mizsei/mizukokudo_mizsei_tk2_000021.html）

［4］国土交通省 水資源部ホームページ「水資源問題の原因」（http://www.mlit.go.jp/mizukokudo/mizsei/mizukokudo_mizsei_tk2_000021.html）※元図はIPPC第4次報告書を基に国土交通省水資源部作成

［5］国際連合広報センター ホームページ「ミレニアム開発目標（MDGs）の目標とターゲット」（https://www.unic.or.jp/activities/economic_social_development/sustainable_development/2030agenda/global_action/mdgs/）

［6］外務省 ホームページ「JAPAN SDGs Action Platform」（https://www.mofa.go.jp/mofaj/gaiko/oda/sdgs/index.html）

第2章

［1］公益社団法人 日本下水道協会ホームページ「都道府県別の下水処理人口普及率」（https://www.jswa.jp/sewage/qa/rate/）

［2］国土交通省ホームページ「下水道の種類」（※部分改変）（http://www.mlit.go.jp/crd/sewerage/shikumi/shurui.html）

［3］国土交通省水管理・国土保全局下水道部／監修『下水道事業の手引 平成30年版』，P.725（※部分改変），日本水道新聞社（2018）

［4］『下水道施設計画・設計指針と解説 −前編−（2019年版）』，p.486，公益社団法人 日本下水道協会

［5］『下水道施設計画・設計指針と解説 −前編−（2019年版）』，p.490，公益社団法人 日本下水道協会

［6］『下水道施設計画・設計指針と解説 −後編−（2019年版）』，p.58，公益社団法人 日本下水道協会

［7］佐藤 和明「高度処理の目的と除去対象物および除去プロセス」，『水質汚濁研究』Vol.12，No.3，p14（※部分改変），社団法人 日本水質汚濁研究協会（1989）

［8］国土交通省ホームページ「資源・エネルギー循環の形成」（http://www.mlit.go.jp/mizukokudo/sewerage/crd_sewerage_tk_000124.html）

［9］国土交通省 下水道政策研究委員会「新下水道ビジョン（概要）」PDF（http://www.mlit.go.jp/common/001047853.pdf）

第3章

［1］『廃棄物最終処分場整備の計画・設計・管理要領（2010改訂版）』第二版第四刷（平成27年2月），p.461，公益社団法人 全国都市清掃会議（2010）

［2］国土交通省・農林水産省・環境省 報道発表資料（平成30年8月10日）「下水道を利用できる人口が初めて1億人を突破しました！ 〜平成29年度末の汚水処理人口普及率をとりまとめ〜」（https://www.mlit.go.jp/report/press/mizukokudo13_hh_000383.html）

［3］環境省 報道発表資料（平成31年3月26日）「一般廃棄物の排出及び処理状況等（平成29年度）について（PDF）」，（https://www.env.go.jp/recycle/waste_tech/ippan/h29/data/env_press.pdf），p.21

[4] 環境省 環境再生・資源循環局廃棄物適正処理推進課／一般財団法人日本環境衛生センター「平成30年度 し尿処理技術・システムに関するアーカイブス作成業務報告書」p.28（http://www.env.go.jp/recycle/waste/wts_archive.html）

[5]『廃棄物最終処分場整備の計画・設計・管理要領（2010改訂版）』第二版第四刷（平成27年2月），p.174，公益社団法人 全国都市清掃会議（2010）

[6]『廃棄物最終処分場整備の計画・設計・管理要領（2010改訂版）』第二版第四刷（平成27年2月），p.364，公益社団法人 全国都市清掃会議（2010）

第4章

[1] 日東電工株式会社 ホームページ「メンブレン（高分子分離膜）の基礎について」（https://www.nitto.com/jp/ja/products/group/membrane/about/）

[2] 日東電工株式会社 ホームページ「スパイラル（のり巻き状）」（https://www.nitto.com/jp/ja/products/group/membrane/about/spiral_module/）

[3] 立本 英機、安部 郁夫 監修『活性炭の応用技術』，p.17，株式会社テクノシステム（2000）

[4] 株式会社技術情報センター 講習会テキスト「促進酸化法による水中有害物質の効果的処理法」（1998）

[5]『下水道施設計画・設計指針と解説 －後編－（2019年版）』，p.234，公益社団法人 日本下水道協会

[6] 金子 光美 編著『水質衛生学』，p.290（図8.15），技報堂出版株式会社（1996）

第5章

[1]『下水道施設計画・設計指針と解説 －後編－（2019年版）』，p.69，公益社団法人 日本下水道協会

[2]『下水道施設計画・設計指針と解説 －後編－（2019年版）』，p.44，公益社団法人 日本下水道協会

[3]『下水道施設計画・設計指針と解説 －後編－（2019年版）』，p.139，公益社団法人 日本下水道協会

[4] 建設省都市局下水道部 監修『下水道施設計画・設計指針と解説 －後編－（1994年版）』，p.114，公益社団法人 日本下水道協会

[5]『下水道施設計画・設計指針と解説 －後編－（2019年版）』，p.301，公益社団法人 日本下水道協会

[6] 全国都市清掃会議 編『ごみ処理施設設備の計画・設計要領 2017年改訂版』，p.731，公益社団法人 全国都市清掃会議（2017）

[7]『下水道施設計画・設計指針と解説 －後編－（2019年版）』，p.151，公益社団法人 日本下水道協会

[8]『下水道施設計画・設計指針と解説 －後編－（2019年版）』，p.199，公益社団法人 日本下水道協会

[9]『下水道施設計画・設計指針と解説 －後編－（2019年版）』，p.214，公益社団法人 日本下水道協会

第6章

[1] 公害防止の技術と法規編集委員会　編『新・公害防止の技術と法規2019 水質・技術編』，p.229－234，一般社団法人 産業環境管理協会（2019）

[2] 公害防止の技術と法規編集委員会　編『新・公害防止の技術と法規2019 水質・技術編』，p.235－240，一般社団法人 産業環境管理協会（2019）

[3] 公害防止の技術と法規編集委員会　編『新・公害防止の技術と法規2019 水質・技術編』，p.241－246，一般社団法人 産業環境管理協会（2019）

[4] 公害防止の技術と法規編集委員会　編『新・公害防止の技術と法規2019 水質・技術編』，

p.261－269，一般社団法人 産業環境管理協会（2019）
[5] 公害防止の技術と法規編集委員会　編『新・公害防止の技術と法規2019 水質・技術編』，p.247－252，一般社団法人 産業環境管理協会（2019）
[6] 公害防止の技術と法規編集委員会　編『新・公害防止の技術と法規2019 水質・技術編』，p.273－276，一般社団法人 産業環境管理協会（2019）
[7] 公害防止の技術と法規編集委員会　編『新・公害防止の技術と法規2019 水質・技術編』，p.281－291，一般社団法人 産業環境管理協会（2019）
[8] 公害防止の技術と法規編集委員会　編『新・公害防止の技術と法規2019 水質・技術編』，p.253－260，一般社団法人 産業環境管理協会（2019）

第7章

[1] 国土交通省ホームページ「資源・エネルギー循環の形成」（http://www.mlit.go.jp/mizukokudo/sewerage/crd_sewerage_tk_000124.html）
[2]『下水道施設計画・設計指針と解説 －後編－（2019年版）』，p.456，公益社団法人 日本下水道協会
[3]『下水道施設計画・設計指針と解説 －後編－（2019年版）』，p.330，公益社団法人 日本下水道協会
[4] 国土交通省 水管理・国土保全局 下水道部「下水処理場における地域バイオマス利活用マニュアル（H29.3）」資料編PDF（http://www.mlit.go.jp/common/001275762.pdf），p.79
[5]『下水道施設計画・設計指針と解説 －後編－（2009年版）』，p.388，公益社団法人 日本下水道協会
[6]『下水道施設計画・設計指針と解説 －後編－（2019年版）』，p.530，公益社団法人 日本下水道協会
[7]『下水道施設計画・設計指針と解説 －後編－（2009年版）』，p.488，公益社団法人 日本下水道協会

第8章

[1] 内閣官房 水循環政策本部事務局ホームページ「水循環とは！？」（https://www.cas.go.jp/jp/seisaku/mizu_junkan/about/index.html）
[2] 国土交通省 下水道政策研究委員会「新下水道ビジョン（概要）」PDF（http://www.mlit.go.jp/common/001047853.pdf）
[3] 国土交通省ホームページ「水循環の形成」（http://www.mlit.go.jp/mizukokudo/sewerage/crd_sewerage_tk_000138.html）
[4] 国土交通省「渇水時等における下水再生水利用事例集」PDF（https://www.mlit.go.jp/common/001199251.pdf），p.8
[5] 国土交通省ホームページ「資源・エネルギー循環の形成」（http://www.mlit.go.jp/mizukokudo/sewerage/crd_sewerage_tk_000124.html）
[6] 公益社団法人 日本下水道協会ホームページ「下水汚泥の建築資材利用」（https://www.jswa.jp/recycle/construcation/）を元に作成
[7] 国土交通省「下水汚泥エネルギー化技術ガイドライン －平成29年度版－」PDF（https://www.mlit.go.jp/common/001217263.pdf），p.21
[8] 国土交通省「下水熱利用マニュアル（案）」PDF（https://www.mlit.go.jp/common/001097915.pdf），p.5
[9] 国土交通省「下水熱でスマートなエネルギー利用を　～まちづくりにおける下水熱活用の提案～」PDF（https://www.mlit.go.jp/common/000986040.pdf），p.4
[10] 国土交通省「下水道におけるリン資源化の手引き（H22.3）」PDF（https://www.mlit.go.jp/common/000113958.pdf），p.11

第9章

[1] 昭和46年 環境庁告示59号「水質汚濁に係る環境基準について」(公布：昭和46年12月28日 | 最終改正：平成31年3月20日) 別表1

[2] 昭和46年 環境庁告示59号「水質汚濁に係る環境基準について」(公布：昭和46年12月28日 | 最終改正：平成31年3月20日) 別表2 1 (1) ア

[3] 昭和46年 環境庁告示59号「水質汚濁に係る環境基準について」(公布：昭和46年12月28日 | 最終改正：平成31年3月20日) 別表2 1 (1) イ

[4] 昭和46年 環境庁告示59号「水質汚濁に係る環境基準について」(公布：昭和46年12月28日 | 最終改正：平成31年3月20日) 別表2 1 (2) ア

[5] 昭和46年 環境庁告示59号「水質汚濁に係る環境基準について」(公布：昭和46年12月28日 | 最終改正：平成31年3月20日) 別表2 1 (2) イ

[6] 昭和46年 環境庁告示59号「水質汚濁に係る環境基準について」(公布：昭和46年12月28日 | 最終改正：平成31年3月20日) 別表2 1 (2) ウ

[7] 昭和46年 環境庁告示59号「水質汚濁に係る環境基準について」(公布：昭和46年12月28日 | 最終改正：平成31年3月20日) 別表2 1 (2) エ

[8] 昭和46年環境庁告示59号「水質汚濁に係る環境基準について」(公布：昭和46年12月28日 | 最終改正：平成31年3月20日) 別表2 2 ア

[9] 昭和46年環境庁告示59号「水質汚濁に係る環境基準について」(公布：昭和46年12月28日 | 最終改正：平成31年3月20日) 別表2 2 イ

[10] 昭和46年環境庁告示59号「水質汚濁に係る環境基準について」(公布：昭和46年12月28日 | 最終改正：平成31年3月20日) 別表2 2 ウ

[11] 昭和46年環境庁告示59号「水質汚濁に係る環境基準について」(公布：昭和46年12月28日 | 最終改正：平成31年3月20日) 別表2 2 エ

[12] 環水大水発第091130004号/環水大土発第091130005号「水質汚濁に係る環境基準についての一部を改正する件及び地下水の水質汚濁に係る環境基準についての一部を改正する件の施行等について(通知)」(平成21年11月30日)

[13] 環水大水発第1303272号「水質汚濁に係る環境基準についての一部を改正する件の施行等について(通知)」(平成25年3月27日)

[14] 昭和46年 総理府令第35号「排水基準を定める省令」(施行：昭和46年6月24日 | 最終改正：令和元年8月28日) 別表第1 (第1条関係)

[15] 昭和34年政令第147号「下水道法施行令」(施行：昭和34年4月22日 | 最終改正：平成29年9月1日) 第6条

[16] 昭和34年政令第147号「下水道法施行令」(施行：昭和34年4月22日 | 最終改正：平成29年9月1日) 第5条の5第1項第二号

[17] 昭和34年政令第147号「下水道法施行令」(施行：昭和34年4月22日 | 最終改正：平成29年9月1日) 第9条の4

[18] 昭和34年政令第147号「下水道法施行令」(施行：昭和34年4月22日 | 最終改正：平成29年9月1日) 第9条

[19] 昭和34年政令第147号「下水道法施行令」(施行：昭和34年4月22日 | 最終改正：平成29年9月1日) 第9条の11

[20] 昭和34年政令第147号「下水道法施行令」(施行：昭和34年4月22日 | 最終改正：平成29年9月1日) 第9条の5

索引

さ

た

な

は

ま

や

ら

タクマ環境技術研究会
編集委員・執筆者（五十音順）

(新版) 基礎からわかる下水・汚泥処理技術

委員長　竹口　英樹
執筆者　岩崎　大介　［第7章、第9章］
　　　　株丹　直樹　［第8章］
　　　　岸　　研吾　［第3章、第4章］
　　　　久留須　太郎　［第5章］
　　　　宍田　健一　［第1章、第4章、第6章、第7章］
　　　　芹澤　佳代　［第2章、第8章］
　　　　高木　啓太　［第5章］
　　　　中西　譲　［第7章］
　　　　水野　孝昭　［第7章］

(旧版) 絵とき 下水・汚泥処理の基礎

委員長　片岡　静夫
副委員長　坂上　正美　［第3章］)
　　　　菅原　秀雄
　　　　村山　壌治　［第1章］
委　員　石原　篤　［第2章］
　　　　入江　直樹　［第8章］
　　　　大川　良一　［第9章］
　　　　大北　隆　［第6章］
　　　　宍田　健一　［第4章］
　　　　春木　裕人　［第5章、第7章］
　　　　益田　光信　［第8章］

基礎からわかる下水・汚泥処理技術

2020 年 6 月 23 日　　第 1 版第 1 刷発行

編　者　タクマ環境技術研究会
発行者　村 上 和 夫
発行所　株式会社 オーム社
郵便番号　101-8460
東京都千代田区神田錦町 3-1
電話　03(3233)0641(代表)
URL https://www.ohmsha.co.jp/

組版　BUCH⁺　　印刷　三美印刷　　製本　協栄製本
ISBN978-4-274-22556-7　Printed in Japan